U0319204

普通高等教育"十四五"规划教材

冶金工业出版社

材料科学与工程综合实验教程

沈 洁　袁龙华　陈 晗　主编

北 京

冶 金 工 业 出 版 社

2024

内 容 提 要

针对应用型本科材料类专业基础知识与应用实践并重的特点，按照"新工科"培养能够适应行业发展需要的工程实践能力强、创新意识好和创新能力高的高素质复合型人才的要求，本书设计了包含材料科学与工程基础、材料制备技术基础、材料性能学、材料分析测试技术、信息敏感材料及器件、新能源材料及器件等相关课程的 46 个基础实验，以及提高学生知识迁移能力、知识运用能力、实践动手能力以及协作创新能力的 9 个综合实验。

本书可作为材料相关专业本科生的实验教学用书，也可供从事材料研究、生产特别是新能源材料与器件方向的工程技术人员阅读参考。

图书在版编目（CIP）数据

材料科学与工程综合实验教程／沈洁，袁龙华，陈晗主编 . —北京：冶金工业出版社，2024. 1

普通高等教育"十四五"规划教材

ISBN 978-7-5024-9735-4

Ⅰ. ①材⋯　Ⅱ. ①沈⋯　②袁⋯　③陈⋯　Ⅲ. ①材料科学—实验—高等学校—教材　②工程技术—实验—高等学校—教材　Ⅳ. ①TB3-33 ②TB-33

中国国家版本馆 CIP 数据核字（2024）第 040386 号

材料科学与工程综合实验教程

出版发行	冶金工业出版社	电　话	（010）64027926
地　　址	北京市东城区嵩祝院北巷 39 号	邮　编	100009
网　　址	www. mip1953. com	电子信箱	service@ mip1953. com

责任编辑　刘小峰　王恬君　美术编辑　彭子赫　版式设计　郑小利
责任校对　石　静　责任印制　禹　蕊
三河市双峰印刷装订有限公司印刷
2024 年 1 月第 1 版，2024 年 1 月第 1 次印刷
787mm×1092mm　1/16；12.25 印张；292 千字；187 页
定价 45.00 元

投稿电话　（010）64027932　投稿信箱　tougao@cnmip. com. cn
营销中心电话　（010）64044283
冶金工业出版社天猫旗舰店　yjgycbs. tmall. com
（本书如有印装质量问题，本社营销中心负责退换）

前　言

当前，以新技术、新业态、新模式和新产业为代表的新经济蓬勃发展，培养能够解决复杂工程问题、具有较强实践和创新能力的高素质人才，是应用型地方本科院校服务地方经济和新兴产业发展所必须承担的义务与责任。长沙学院功能材料专业紧密对接地方经济社会发展需求，为实现培养具有家国情怀、跨界能力、创新思维和工匠精神的应用型人才培养目标编写了此书。本书从新能源材料和半导体信息材料行业的发展趋势与人才需求出发，结合教师的科研实践，内容涵盖了材料的基础理论、合成制备、器件组装与性能测试以及综合应用创新相关的实验内容。希望全面培养学生的通识能力、专业能力、创新能力和职业能力。

本书由沈洁、袁龙华和陈晗主编，长沙学院材料与环境工程学院李晋波、陈亮、邓伟娜、冯文辉、朱海、吴朝辉、马楠和湖南工学院材料科学与工程学院娄晓明、朱莉云为本书提供了实验素材并参与了部分内容的编写、修订和校对工作。在编写过程中，本书参考了相关的文献资料和教材，在此向这些文献和教材的作者们表示衷心的感谢！最后，感谢长沙学院功能材料国家一流专业建设项目、材料科学与工程省级一流应用特色学科建设项目和长沙学院校级优秀教材出版项目的支持。

由于编者水平有限，书中内容难免存在错误、遗漏和不足，敬请广大读者批评指正！

编者

2023 年 12 月

目　　录

第一章　材料科学基础实验 ……………………………………………………… 1

实验一　晶体结构模型实验 ………………………………………………… 1

实验二　盐的结晶过程及生长形态观察 …………………………………… 3

实验三　三元液系相图 ……………………………………………………… 5

实验四　二元合金相图的绘制 ……………………………………………… 9

实验五　金相显微镜的使用与金相样品制备 ……………………………… 11

实验六　铁碳合金平衡组织的观察与分析 ………………………………… 18

第二章　材料工程基础实验 ……………………………………………………… 21

实验一　雷诺实验 …………………………………………………………… 21

实验二　伯努利方程验证实验 ……………………………………………… 23

实验三　空气-蒸汽对流传热系数的测定 ………………………………… 27

实验四　平板导热系数的测定 ……………………………………………… 34

实验五　自然对流横管管外放热系数的测定 ……………………………… 39

实验六　中温法向辐射率的测定 …………………………………………… 43

实验七　流体流动阻力的测定 ……………………………………………… 47

第三章　材料制备基础实验 ……………………………………………………… 55

实验一　机械法制备粉体材料 ……………………………………………… 55

实验二　粉体粒度的测量 …………………………………………………… 57

实验三　材料的结晶与分离 ………………………………………………… 60

实验四　材料固相反应实验 ………………………………………………… 62

实验五　共沉淀法制备四氧化三铁颗粒 …………………………………… 64

实验六　水热法制备功能纳米材料 ………………………………………… 66

实验七　溶胶-凝胶法制备电致变色薄膜 ………………………………… 67

实验八　燃烧法制备红色发光材料 ………………………………………… 68

第四章　材料性能学基础实验 …………………………………………………… 72

实验一　固液接触角的测量 ………………………………………………… 72

实验二　四探针测量薄膜材料的电阻率 …………………………………… 75

实验三　循环伏安曲线的测定及应用 ……………………………………… 78

实验四　金属钝化曲线的测定及钝化行为研究 …………………………… 82

实验五　半导体导电类型的鉴别 …………………………………………… 85

实验六 晶体管电容特性测试 ·· 88
实验七 半导体晶体管特性参数的测量 ······································ 91

第五章 材料现代分析测试技术实验 ·· 97

实验一 半导体材料吸收光谱及禁带宽度的测量 ······················ 97
实验二 荧光光谱仪的基本原理和使用 ······································ 99
实验三 热分析仪的结构、原理及使用 ····································· 103
实验四 红外光谱仪的结构、原理及使用 ································· 105
实验五 X 射线衍射仪的结构、原理及物相分析 ······················ 109
实验六 固体比表面仪的结构、原理及使用 ····························· 115

第六章 信息敏感材料及器件基础实验 ·· 120

实验一 铁磁体磁滞回线测定 ·· 120
实验二 压电陶瓷 D_{33} 系数测定 ··· 125
实验三 半导体器件光敏特性测试 ·· 129
实验四 具有光致变色效应材料的制备及其性能 ······················ 138
实验五 压电陶瓷的制备及其性能测试 ···································· 139
实验六 材料的湿敏特性及其性能测试 ···································· 143
实验七 葡萄糖传感器的构建及测量 ······································· 144

第七章 新能源材料及器件基础实验 ·· 148

实验一 甲醇的电化学催化氧化 ··· 148
实验二 锂离子电池的设计制作 ··· 150
实验三 锂离子电池的测试 ··· 152
实验四 太阳电池光电性能测试 ··· 154
实验五 染料敏化太阳电池的制备及性能测试 ························· 159

第八章 功能材料创新实验 ·· 163

实验一 纳米磁性复合材料的制备及其光催化性能 ··················· 163
实验二 贵金属/半导体复合材料的制备及其光吸收性质的测定 ···· 165
实验三 软包锂离子电池的组装及性能表征 ····························· 167
实验四 发光材料的制备表征与点胶 ······································· 170
实验五 水热法制备 SnS_2 及其储锂性能研究 ·························· 173
实验六 氮、硫共掺杂石墨烯锂离子电池负极材料的制备及储锂性能测试 ········· 177
实验七 水系锌离子电池制备及性能测试 ································· 179
实验八 铜基金属有机框架纳米颗粒的制备及其类酶性质研究 ····· 181
实验九 透明导电薄膜的制备及性能测试 ································· 184

参考文献 ··· 187

第一章　材料科学基础实验

实验一　晶体结构模型实验

一、实验目的

1. 熟悉面心立方、体心立方和密排六方晶体结构中常用晶面、晶向的几何位置以及金属晶体堆垛方式。

2. 熟悉面心立方、体心立方和密排六方金属晶体结构中密排面和密排方向，能够掌握相应密排面和密排方向的计算。

3. 熟悉三种常见典型金属晶体结构的四面体间隙和八面体间隙的位置和分布。

4. 进一步练习晶面和晶向指数的确定方法。

二、实验原理

1. 晶体

原子、分子、离子或它们的集团，在三维空间做有规则的周期性重复排列，即构成晶体。在金属晶体中，金属键原子（离子）的排列趋于尽可能地紧密，构成高度对称性的简单的晶体结构。最常见的典型金属晶体结构有三种，即面心立方结构、体心立方结构和密排六方结构，其结构特点见图 1-1。

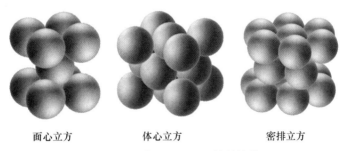

面心立方　　　　体心立方　　　　密排立方

图 1-1　三种典型金属的晶体结构模型

2. 晶面

在晶体中，原子的排列构成了许多不同方位的晶面，并用晶面指数来表示这些晶面。任一晶面指数表示晶体中相互平行的所有晶面，不同指数的晶面空间方位、原子排列方式和原子面密度不同。

3. 晶向

晶体中任一原子列均构成一晶向。任一晶向指数代表晶体中相互平行并同向的所有原子列。不同指数的晶向有不同的空间方位和原子间距。

4. 密堆积结构

面心立方晶体结构和密排六方晶体结构均为等径原子最密排结构，二者致密度均为0.74，配位数均为12，它们的区别在于最密排面的堆垛顺序不同，致使其晶体结构不同。面心立方晶体的最密排面 {111} 按 ABC、ABC、…顺序堆垛，而密排六方晶体的最密排 {0001} 按 ABABAB…顺序堆垛，见图1-2。其中 A、B、C 均代表堆垛是原子所占据的相应位置。

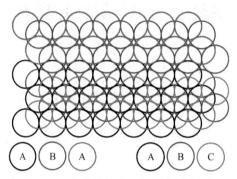

图 1-2　密堆积结构堆积顺序示意图　　　　　　扫一扫查看彩图

5. 晶体中的间隙

从晶体中原子排列的钢球模型可见，球与球之间存在有许多间隙。分析晶体结构中间隙的数量和每个间隙的大小等，对于了解金属的性能、合金相结构和扩散以及相变等问题都是很重要的。按周围原子的分布状况可将间隙分为两种，即四面体间隙与八面体间隙，间隙的大小和数量见表1-1。

表 1-1　间隙的大小和数量

晶体结构	间　隙	大　小	数量（每个晶包）
面心立方	八面体间隙	$r_B = 0.414 r_A$	4
	四面体间隙	$r_B = 0.225 r_A$	8
体心立方	八面体间隙	$r_B = 0.155 r_A$	6
	四面体间隙	$r_B = 0.291 r_A$	12
密排六方（$c/a \approx 1.633$）	八面体间隙	$r_B = 0.414 r_A$	6
	四面体间隙	$r_B = 0.225 r_A$	12

注：r_B 为间隙半径，r_A 为原子半径。

6. 原子密度

晶向、晶面以及晶胞中原子排列的紧密程度，表示为单位长度、单位面积或者单位体积内等效原子的个数。可以分为原子线密度、原子面密度以及原子体密度（此处注意要和晶胞的致密度进行区别）。

三、实验设备和材料

晶体结构模型若干、多孔球棍模型、有机玻璃盒、小钢球、凡士林等。

四、实验内容及步骤

1. 利用球棍模型，搭建出简单立方、面心立方和体心立方三种典型晶体结构。
2. 利用球棍模型组合摆出三种典型晶体结构的（100）、（110）和（111）晶面。
3. 利用球棍模型组合摆出三种典型晶体结构的［100］、［110］和［111］晶向。
4. 分别计算（100）、（110）和（111）晶面及［100］、［110］和［111］晶向的原子面密度和线密度。
5. 利用有机玻璃盒、小钢球和凡士林进行两种密堆积结构堆垛，观察两种堆垛结构的差异。

五、实验报告要求

1. 制表画出面心立方、体心立方晶体结构的（100）、（110）和（111）晶面及［100］、［110］和［111］晶向，给出每个晶面和晶向的面密度以及线密度的详细计算过程和计算结果。
2. 指出三种典型晶体结构的最密排面和最密排方向。
3. 思考并回答面心立方和密排六方原子堆垛有何异同点。

思考题

思考并回答同一晶体结构中，原子的晶向线密度、晶面密度以及晶面间距之间的关系。

实验二　盐的结晶过程及生长形态观察

一、实验目的

1. 了解显微镜成像原理，了解景深对材料形貌表征的影响。
2. 通过观察盐类的结晶过程，掌握晶体结晶的基本规律及特点。
3. 熟悉各种影响因素对盐类晶体形核和长大的影响。

二、实验原理

1. 结晶的基本过程及原理

结晶是指固体物质以晶体状态从溶液、蒸汽或熔融物中析出的过程。晶体是指内部结构中质点元素（原子、离子、分子）做三维有序规则排列的固态物质。

将一个被溶解物（溶质）放入一个溶剂中，由于分子的热运动，必然发生两个过程：固体的溶解，即溶质分子扩散进入液体内部；物质的沉积，即溶质分子由液体中扩散到固体表面进行沉积，一定时间后，这两种分子扩散过程达到动态平衡。将能够与固相处于平衡的溶液称为该固体的饱和溶液。溶液浓度恰好等于溶质的溶解度，即达到液固相平衡状态时的浓度曲线，称为饱和曲线，见图1-3；溶液过饱和而欲自发地产生晶核的极限浓度曲线称为过饱和曲线。饱和曲线与过饱和曲线之间的区域为结晶的介稳区。

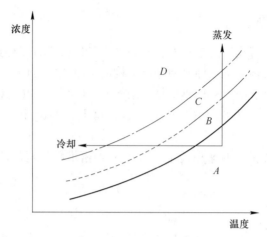

图 1-3　溶液的饱和曲线图

A 稳定区：即不饱和区。其浓度不超过其平衡浓度，在这里不可能发生结晶。

B 亚稳区：即第一过饱和区。在此区域内不会自发成核，当加入晶种时，结晶会生长，但不会产生新晶核。

C 过渡区：即第二过饱和区。在此区域内也不会自发成核，但加入晶种后，在结晶生长的同时会有新晶核产生。

D 不稳定区：溶液处于不稳定态，是自发成核区域，瞬间出现大量微小晶核，发生晶核泛滥。

2. 晶体生长形态

（1）成分过冷。固溶体合金结晶时，在液-固界面前沿的液相中有溶质聚集，引起界面前沿液相熔点的变化。在液相的实际温度分布低于该熔点变化曲线的区域内形成过冷。这种由于液相成分变化与实际温度分布共同决定的过冷，称为成分过冷。根据理论计算，形成成分过冷的临界条件见式（1-1）：

$$\frac{G}{R} < \frac{mC_0}{D}\frac{1-k_0}{k_0} \tag{1-1}$$

式中，G 为液相中自液–固界面开始的温度梯度；R 为凝固速度；m 表示相图上液相线的斜率；C_0 为合金的原始成分；D 为液相中溶质的扩散系数；k_0 为平衡分配系数。

可见，合金的成分、液相中的温度梯度和凝固速度是影响成分过冷的主要因素。高纯物质在正的温度梯度下结晶为平面状生长，在负的温度梯度下呈树枝状生长。固溶体合金或纯金属含微量杂质时，即使在正的温度梯度下也会因有成分过冷而呈树枝状或胞状生长。晶体的生长形态与成分过冷区的大小有密切的关系，当成分过冷区较窄时形成胞状晶；当成分过冷区足够大时形成树枝晶。

（2）树枝晶。观察氯化铵的结晶过程，可清楚地看到树枝晶生长时各次晶轴的形成和长大，最后每个枝晶形成一个晶粒。根据各晶粒主轴的指向不一致，可知它们有不同的位向。将氯化铵水溶液放在培养皿中结晶时，只能显示出树枝晶的平面生长形态。若将溶液倒入小烧杯中观察其结晶过程，则可见到树枝晶生长的立体形貌，特别是那些从溶液表面向下生长的枝晶，犹如一颗颗倒立的塔松。若将溶液倒入试管中观察其结晶过程，则可根据小晶体的漂移方向，看出管内液体的对流情况。

3. 过冷度与结晶晶粒大小

金属结晶时需要过冷，以提供相变的驱动力。因此金属实际开始结晶的温度低于其熔点（理论凝固温度），理论凝固温度与实际开始结晶温度之差称为过冷度。同种金属结晶时的过冷度随冷却速度的增加而增大。过冷度越大，结晶速度越快，结晶后的晶粒越细小。

三、实验设备和材料

1. 配制好的质量分数为25%～30%氯化铵水溶液。
2. 培养皿、小烧杯、试管、氯化铵粉末、冰块。
3. 电炉、温度计。
4. 数码光学显微镜。

四、实验内容及步骤

将质量分数为25%～30%氯化铵水溶液，加热到80～90℃，观察在下列条件下的结晶过程及晶体生长形态。

1. 将溶液倒入培养皿中空冷结晶。
2. 将溶液滴在玻璃片上，在生物显微镜下空冷结晶。
3. 将溶液滴倒入小烧杯中空冷结晶。
4. 将溶液滴倒入试管中空冷结晶。
5. 在培养皿中撒入少许氯化铵粉末并空冷结晶。
6. 将培养皿、试管置于冰块上结晶。

五、实验报告要求

1. 写出实验目的及内容。
2. 将拍摄的氯化铵原材料形貌照片与结晶析出氯化铵材料的照片进行打印并附在实验报告中。
3. 描述两种氯化铵材料形貌的异同点和形成的原因。
4. 分析说明温度梯度对晶体生长形态的影响。

思考题

1. 思考并回答生活中为什么存在0℃以下不结冰的水。
2. 对比氯化铵原材料与结晶出的氯化铵晶体的形貌，指出两者形貌差别的原因。

实验三 三元液系相图

一、实验目的

1. 测绘环己烷（或类似组分）-水-乙醇三组分系统的相图。

2. 掌握三角形坐标的使用方法。

二、实验原理

三组分系统的相律为 $f = C + 2 - P = 5 - P$，最大自由度（单相，即 $P = 1$ 时）$F = 4$，相图难以绘制。恒压时自由度 $f = 4 - P$，最大自由度 $f = 3$，相图可用三维空间坐标来表示，通常使用正三棱柱，柱高表示温度。若温度和压力均恒定，$f = 3 - P$，最大自由度 $f = 2$，可用平面图来表示组成关系。

若用质量分数 W（或摩尔分数 x）描述系统的组成时，常用等边三角形坐标来表示三组分相图（图 1-4），等边三角形的三个顶点分别代表纯组分 A、B、C，三条边 AB、BC、CA 上的点代表一个二组分的组成，三角形内任意一点表示三组分的组成。以图 1-4 中点 P 为例，经点 P 作平行于三角形三边的直线 Pa、Pb、Pc，则点 P 对应组分 A、B、C 的相对含量分别为 $w_A = Ca = Pc$，$w_B = Ab = Pa$，$w_C = Bc = Pb$。反之，若已知系统的组成，要在三角形内确定系统的组成点时，可在 CA 边上取线段 Ca 长度等于组分 A 的组成 w_A，在 AB 边上取线段 Ab 长度等于组分 B 的组成 w_B，通过点 a 作平行于 BC 的直线，通过点 b 作平行于 AC 的直线，这两条直线的交点 P 即为系统的组成坐标点。

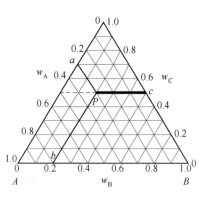

图 1-4 等边成分三角形

扫一扫查看彩图

在环己烷（或其他组分）-水-乙醇三组分系统中，环己烷和水完全不互溶，而乙醇和环己烷及乙醇和水完全互溶。在环己烷-水系统中加入乙醇可促使环己烷和水的互溶。

设有一个环己烷-水的二组分系统，其组成点为 K，于其中加入乙醇，则系统总组成沿 KC 变化（环己烷-水比例保持不变），在曲线以下区域内存在互不溶混的两共轭相，将溶液振荡时出现浑浊状态。继续滴加乙醇直至曲线上的点 d，系统将由两相区进入单相区，液体由浑浊转为清澈。继续滴加乙醇至点 e，液体仍为清澈的单相。如果在这一系统中滴加水，则系统总组成将沿 eB 变化（乙醇-环己烷比例保持不变），直到曲线上的点 f，则由单相区进入两相区，液体由清澈变浑浊。继续滴加水至点 g 为两相。如果在此系统中加入乙醇至点 h，则由两相区进入单相区，液体由浑浊变清。如此反复进行，可获得位于曲线上的点 d、点 f、点 h、点 j，将它们连接即得单相区与多相区分界的曲线（即溶解度曲线），如图 1-5(a) 所示。

在环己烷-水的二组分系统中，加入乙醇时，乙醇将在环己烷层及水层中分配，但两层中分配比例不同，因此代表两层组成的点 H 和 G 的连线（称为连接线）一般不与底边平行，但整个系统的组成点 O 应落在连接线上（图 1-5(b)）。设将组成为 E 的环己烷–乙醇混合液，滴加到组成点为 G，质量为 m_G 的水层溶液中，则系统总组成点将沿直 GE 向 E 移动，当移至点 F 时，液体由浑浊变清（由两相转变为单相）。根据杠杆规则，加入环己烷–乙醇混合物的质量 m_E 与水层 G 的质量 m_G 之比有如下关系：

$$m_E/m_G = FG/EF$$

已知点 E 及比值 FG/EF 后，可通过点 E 作曲线的割线，使线段符合 $FG/EF = m_E/m_G$，从而可确定点 G 的位置。由点 G 通过原系统总组成点 O，即可得连接线 GH。G 及 H 代表总组成为 O 的系统的两个共轭溶液，G 是它的水层。

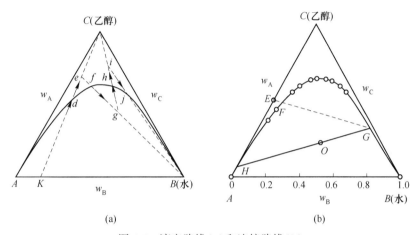

图 1-5　滴定路线（a）和连接路线（b）

三、实验设备和材料

1. 电子天平 1 台；电热风筒 1 个；50mL 滴定管 2 支；20mL 滴定管 1 支；2mL 移液管 3 支；1mL 刻度移液管 3 支；100mL 烧杯 2 只；150mL 锥瓶 1 只；50mL 锥瓶 2 只；分液漏斗 1 只；2mL 密度管 1 支。

2. 环己烷、无水乙醇（AR）、蒸馏水。

四、实验内容及步骤

1. **溶解度数据的测定**

移取 2mL 环己烷（或其他组分）到 50mL 的干净锥瓶中或直接使用上一步的环己烷液体，用刻度移液管吸取 0.1mL 水加入上锥瓶中，摇匀变浊（温度 30℃ 左右时可能观察不到）。然后用滴定管滴 1 滴乙醇，摇匀则变浊，继续滴至溶液恰由浊变清时，记下所加乙醇的体积（mL）。于此液中再滴加 1mL 乙醇，用水返滴至溶液由清返浊，记下所用水的体积。按照记录表中所规定数字继续加入水，然后再用乙醇滴定，如此反复进行实验。滴定时必须充分振荡。当体积超过 30mL 时，转移到 150mL 干净锥瓶中滴定，以便界面观察。

2. **连接线的测定**

用移液管依次吸入 3mL 环己烷（或其他组分）、3mL 水及 3mL 乙醇于干燥的分液漏斗中，充分摇动后静置分层，放出下层即水层约 1mL 于已称重的 50mL 干锥瓶中，称其质量，然后滴加质量分数为 50% 的环己烷（或其他组分）-乙醇混合物（预配置约 20mL），不断摇动，至溶液由浊变清，再称其质量。

五、实验报告要求

1. 数据记录与处理

将终点时溶液中各成分的体积，根据其密度换成质量，求出各组分的质量分数，填入记录表 1-2 中，所得结果绘于三角坐标纸上，或可用 Origin 软件处理作图。将各点连成平滑曲线，并用虚线将曲线外延到三角形的两个顶点（因为水与环己烷在室温下可以认为完全互不相溶）。

表 1-2 记录表

室温/℃		大气压/kPa			实验者		时间	
查表：密度/kg·dm^{-3}		A：环己烷			B：水		C：乙醇	

编号	体积/mL					质量/g				质量分数			终点记录
	A	水		乙醇		A	水	乙醇	m_a/g	A	水	乙醇	
		每次滴加	合计	每次滴加	合计					w_A	w_B	w_C	
1	2	0.1											清
2	2			1									浊
3	2	0.2											清
4	2			1									浊
5	2	0.6											清
6	2			1.5									浊
7	2	1.5											清
8	2			3.5									浊
9	2	4.5											清
10	2			7.5									浊

2. 在三角坐标上定出 50% 环己烷（或其他组分）-乙醇混合物组成点 E，过点 E 作曲线的割线 EG，割曲线于点 F，使 $FG/EF = m_E/m_G$。求得点 G 后，与系统原始总组成点 O 连接，延长并与曲线交于 H 点，GH 即为所求连接线。

思考题

1. 当系统总组成点在溶解度曲线内与外时，相数有什么变化？
2. 连接线交于溶解度曲线上的两点代表什么？
3. 用相律说明恒温恒压时三组分系统单相区的自由度是多少。
4. 用水或乙醇滴定至清浊变化以后，为什么还要加入过剩量，过剩量的多少对结果有无影响？

实验四　二元合金相图的绘制

一、实验目的

1. 熟悉数字控温仪及可控升降温电炉的使用。
2. 掌握热分析法测绘 Pb-Sn 二组分金属相图。
3. 掌握热分析法的测量技术。

二、实验原理

相图是用以研究体系的状态随浓度、温度、压力等变量的改变而发生变化的图形，可以表示出在指定条件下体系存在的相数和各相的组成。对蒸气压较小的二组分凝聚体系常以温度−组成图来描述。

热分析是绘制相图常用的基本方法之一。这种方法通过观察体系在冷却时温度随时间的变化情况来判断有无相变的发生。通常先将体系全部熔化，然后让其在一定的环境中自行冷却，并每隔一定的时间记录一次温度，以温度 T 为纵坐标，时间 t 为横坐标，绘出步冷曲线的 T-t 图，见图 1-6。

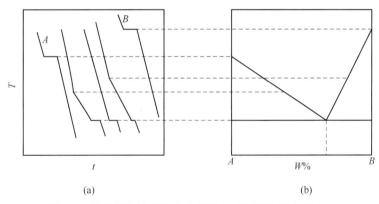

图 1-6　简单低共熔系统步冷曲线(a)及其固−液相图(b)

（1）体系均匀冷却过程中，若无相变发生，则温度随时间均匀地降低。（2）若有相变发生，由于相变过程中会产生相变热，使得温度随时间的下降速度减慢，步冷曲线就出现转折。当熔液继续冷却到熔液的组成达到最低共熔混合物的组成时，开始有最低共熔混合物析出，在最低共熔混合物完全凝固以前，体系温度保持不变，步冷曲线出现平台。当熔液完全凝固后，体系又无相变发生，温度随时间均匀地下降。

由此可知，对组成一定的二组分低共熔混合物体系，可以根据步冷曲线，判断有固体析出时的转折温度和最低共熔混合物析出时的平台温度。如果作出一系列组成不同的体系的步冷曲线，从中找出各转折点，就能画出二组分体系最简单的 T-x 相图。

三、实验设备和材料

1. JX-3D 金属相图测量装置、托盘天平。

2. 坩埚钳、停表。

3. 金属锡粉末（CP）、石蜡油、金属铅粉末（CP）。

四、实验内容及步骤

1. 配制样品

用感量为 0.1g 的天平配制含锡质量分数分别为 0、0.20、0.40、0.60、0.80、1.00 的 Pb-Sn 混合物各 100g，分别装入编号为 1~6 的硬质试管中，再加入少许石蜡油（约 5mL），以防止加热过程中金属被空气氧化。

2. 设置仪器

打开电源，预热 2min，按照表 1-3 中参数设置仪器。

表 1-3　参数表

最高加热温度 C_1	加热功率 P_1	保温功率 P_2	报警时间间隔 t_1	n
400℃	500W	40W	60s	1（报警）

3. 步冷曲线绘制

将样品管放入金属相图测量装置中的加热电炉，将"加热选择"旋钮白色箭头指向"1"，按下"加热"键开始加热，加热到 400℃后，样品已完全熔化，按下"停止"键停止加热，同时按下"保温"键并且打开风扇 1，使样品管中的样品开始缓慢冷却，降温速率一般为 5~8℃/min 为佳，每 60s 记录一次读数，当温度降至约 140℃时停止计数。

按照上述操作过程依次完成剩下五个样品管中的样品测量，并记录数据。

五、数据处理

1. 将实验数据记录于实验数据记录表 1-4 中。

表 1-4　实验数据记录表

时间/min		0	1	2	3	4	…
温度/℃	样品 1						
	样品 2						
	样品 3						
	样品 4						
	样品 5						
	样品 6						

2. 在同一直角坐标系中以 T 对 t 分别绘出每个样品的步冷曲线。

3. 由步冷曲线找出每个样品的转折温度和平台温度，填到表 1-5 中。

表 1-5　步冷曲线转折温度或平台温度记录表

W_{Sn}	0	0.20	0.40	0.60	0.80	1.00
转折温度						
平台温度						
熔点温度						

六、实验报告要求

1. 将实验数据记录于实验数据记录表中。
2. 根据实验数据绘制 Sn-Pb 二元合金相图。

思考题

1. 步冷曲线各段斜率以及水平段的长短与哪些因素有关？
2. 为什么要控制冷却速度，不能使其迅速冷却？
3. 样品融熔后为什么要保温一段时间再冷却？
4. 分析本实验的误差来源。

实验五　金相显微镜的使用与金相样品制备

一、实验目的

1. 了解金相显微镜的构造、原理及使用规则。
2. 掌握制备金相显微试样制备的基本操作方法。

二、实验原理

金相分析是研究工程材料内部组织结构的主要方法之一，特别是在金属材料研究领域中占有很重要的地位。金相显微镜是进行显微分析的主要工具，利用金相显微镜在专门制备的试样上观察材料的组织和缺陷的方法，称为金相显微分析法。金相显微分析可以观察、研究材料的组织形貌、晶粒大小、非金属夹杂物（如氧化物、硫化物等）在组织中的数量和分布情况等问题，即可以研究材料的组织结构与其化学成分（组成）之间的关系，确定各类材料经不同加工工艺处理后的显微组织，可以判别材料质量的优劣等。

在现代金相显微分析中，使用的主要仪器有光学显微镜和电子显微镜两大类。由于光学的原因，金相显微镜的放大倍数为几十倍到两千倍，鉴别能力为 $250\mu m$ 左右，若观察工程材料的更精细结构（如嵌镶块等），则要用近代技术中放大倍数可达几十万倍的透射、扫描电子显微镜及 X 光射线技术等。以下仅对常用的光学金相显微镜进行介绍。

1. 金相显微镜的原理、构造及使用

A　金相显微镜的基本原理

金相显微镜的光学原理如图 1-7 所示。光学系统包括物镜、目镜及一些辅助光学零件。物镜和目镜分别由两组透镜组成。对着物体 AB 的一组透镜组成物镜 O_1；对着人眼的一组透镜组成目镜 O_2。现代显微镜的物镜、目镜都由复杂的透镜系统组成。

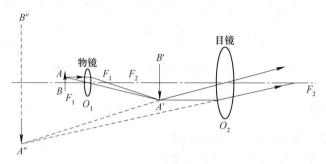

图 1-7　金相显微镜的光学原理示意图

物镜使物体 AB 形成放大的倒立实像 $A'B'$（中间像），目镜再将 $A'B'$ 放大成仍倒立的虚像 $A''B''$，其位置正好在人眼的明视距离处（即距人眼 250mm 处），人眼在目镜中看到的就是这个虚像 $A''B''$。

金相显微镜的主要性能如下：

（1）放大倍数。显微镜的放大倍数由下面公式来确定：

$$M = M_物 M_目 = \frac{L}{f_物} \cdot \frac{D}{f_目}$$

式中，M 为显微镜的放大倍数；$M_物$ 为物镜的放大倍数；$M_目$ 为目镜的放大倍数；$f_物$ 为物镜的焦距；$f_目$ 为目镜的焦距；L 为显微镜的光学镜筒长度；D 为明视距离（250mm）。

$f_物$、$f_目$ 越短或 L 越长，则显微镜的放大倍数越大。在使用时，显微镜的放大倍数等于物镜和目镜的放大倍数的乘积。每个物镜和目镜上均刻有其放大倍数，如 10×、20×、45× 等，分别表示其放大 10 倍、20 倍、45 倍等。

（2）金相显微镜的鉴别率。显微镜的鉴别率是指它能清晰地分辨试样上两点间最小距离 d 的能力。d 值越小，鉴别率就越高。鉴别率是显微镜的一个最重要的性能，它取决于物镜的数值孔径 A 和所用入射光线的波长 λ（即 $d = \frac{\lambda}{2A}$），与目镜无关，光线的波长可通过滤色片来选择。当光线的波长一定时，可以通过改变物镜的数值孔径来调节显微镜的鉴别率。

（3）物镜的数值孔径。物镜的数值孔径 A 表示物镜的聚光能力，如图 1-8 所示。

$$A = n\sin\varphi$$

式中，n 为物镜与试样之间介质的折射率；φ 为物镜孔径角的一半。

n 越大或 φ 越大，则 A 越大。由于 φ 总是小于 90°，当介质为空气时（$n=1$），A 一定小于 1；当介质为松柏油时（$n=1.5$），A 值最高可达到 1.4。每个物镜上都有一个设计额定的 A 值，它标刻在物镜上，如 0.25、0.65 等。

　B　金相显微镜的构造及功能

金相显微镜的种类和类型很多，最常见的有台式、立式和卧式三大类。它的构造通常由光学系统、照明系统以及机

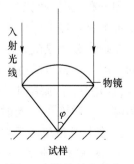

图 1-8　物镜的孔径角

械系统三大部分组成。有的还附带有照相摄影装置。现以 XJB-1 型台式金相显微镜为例进行说明。

XJB-1 型金相显微镜的结构如图 1-9(a) 所示。该仪器采用倒置式结构，结构紧凑，体积较小。底盘为圆盘形，重心较低，安放稳定。目镜筒成 45°倾斜安装，观察舒适。

a　光学系统

XJB-1 型金相显微镜的光学系统如图 1-9(b) 所示。其工作原理是：由灯泡发出一束光线，经过聚光镜组Ⅰ的会聚及反光镜的反射，汇聚到孔径光栏上，随后经过聚光镜组Ⅱ，将光线聚集到物镜的后焦面上，最后光线经过物镜，平行照射到试样上，使其表面得到充分均匀的照明。从试样表面反射回来的光线复经物镜和辅助透镜Ⅰ，由半透反射镜转向，再经过辅助透镜Ⅱ以及棱镜Ⅰ与棱镜Ⅱ，形成一个被观察物体的倒立放大实像，该像经过视场透镜和目镜的再度放大，即可得到所观察的试样表面的放大图像。

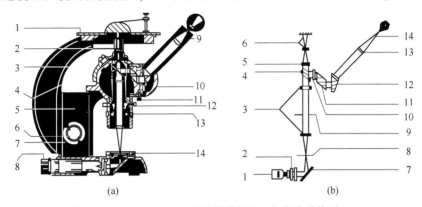

图 1-9　XJB-1 型金相显微镜结构图(a)和光学系统图(b)

1—灯泡；2—聚光镜组Ⅰ；3—聚光镜组Ⅱ；4—半透反射镜；5—辅助透镜Ⅰ；6—物镜组；7—反光镜；
8—孔径光栏；9—视场光栏；10—辅助透镜Ⅱ；11—棱镜Ⅰ；12—棱镜Ⅱ；13—视场；14—目镜

b　照明系统

由于金相显微镜所观察的物体是不透明的金属表面，因此显微镜上设置人工照明光源，用于试样表面的照明。在仪器底座内装有作为照明光源的低压灯泡（6~8V，15W），由变压器降压供电，靠调节次级电压（6~8V）来改变灯光的亮度。灯前部装有聚光镜、反光镜和孔径光栏等部件，视场光栏及另一聚光镜则安置在支架上，它们组成显微镜的照明系统，使试样表面获得充分而均匀的照明。

c　调焦装置

粗动、微动调焦机构采用的是同轴式调焦机构。粗调焦手轮和微动调焦手轮安装在粗微动座的两侧，位于显微镜下部。旋转粗调焦手轮，能使载物台迅速地上升或下降，旋转微动调焦手轮，能使载物台缓慢地上升或下降，这是物镜精确调焦所必需的。在右侧手轮上刻有分度格，每一格表示物镜座上、下微动 0.002mm。与此同侧的齿轮箱上刻有两条白线，用以指示微动升降极限位置。当旋转至极限位置时，微动手轮就自动被限制住。此时，不能再继续旋转，而应倒转回来使用。

d　载物台（样品台）

载物台用于放置金相试样，它与下面托盘之间有连接导架，移动结构采用黏性油膜连接，用手推动，可使载物台在水平面上做一定范围的十字定向移动，以改变试样的观察部位。

e 孔径光栏和视场光栏

孔径光栏安装在照明反射镜座上，刻有 0~5 分刻线，表示孔径的毫米数，调整它能够控制入射光束的粗细，以保证物像达到清晰的程度。视场光栏在物镜支架下面，其作用是控制视场范围，使目镜中视场明亮而无阴影。转动光栏外面的直纹滚花套圈即可调节光栏的大小。通过调节光栏大小，可以提高最后映像的质量。

f 物镜转换器和物镜

转换器是球面形，上面有三个螺孔，可以安装不同放大倍数的物镜，旋动转换器可使各物镜镜头进入光路，并与不同的目镜匹配使用，以获得各种所需的放大倍数。本仪器所带物镜有三种，放大倍数分别为 8×、45×、100×。

g 目镜筒及目镜

目镜筒呈 45°倾斜安装在附有棱镜的半球形座上，便于观察。本仪器所带目镜有三种，放大倍数分别为 5×、10×、15×。

C 金相显微镜的使用及注意事项

金相显微镜是贵重的精密光学仪器，使用时必须倍加爱护，自觉遵守其操作规程，细心谨慎地使用。初次使用显微镜前，应首先了解显微镜的基本原理、构造特点以及各主要部件的相互位置和作用等，然后了解显微镜使用注意事项。

显微镜的操作规程：

（1）选择适当的载物台，将试样放在载物台上。

（2）根据观察需要，选择适宜的物镜和目镜，转动粗调焦手轮，升高载物台，将物镜和目镜分别安装在物镜转换器和目镜管上，并使转换器转至固定位置。

（3）将显微镜光源灯泡的插头插在变压器 5V 或 6V 位置上（照相时用 8V），并将变压器与电源相接，使灯泡通电发光。

（4）通过调焦手轮（旋钮）进行调焦。先用双手转动粗调焦手轮，使载物台慢慢下降，令试样尽量靠近物镜（不得接触），同时用目镜观察，待看到组织后，再调节微调焦手轮直至物像清晰为止。

（5）适当调节孔径光栏和视场光栏的大小以获得最佳质量的物像。

显微镜使用的注意事项：

（1）使用操作前必须将手洗干净，保持显微镜和工作台的清洁。使用时不能用手触摸物镜、目镜镜头。用镜头纸清洁镜头。

（2）金相试样一定要洁净干燥，不得残留有浸蚀液和酒精等污物，以免腐蚀物镜的透镜。

（3）不能用手触摸金相试样的观察面，要保持干净，观察不同部位组织时，可以平推载物台，不要挪动试样，以免划伤观察表面。

（4）显微镜的照明灯泡电压一般为 6V、8V，必须通过降压变压器使用，切勿将灯泡插头直接插入 220V 电源，以免烧毁灯泡。观察结束后应及时关闭电源。

（5）操作时必须要细心，不能有任何粗暴和剧烈的动作。安装、更换镜头及其他附件时也要细心。严禁自行拆卸显微镜的镜头等重要部件。

（6）使用中如出现问题和故障，应立即报告指导教师，不得自行处理。

（7）使用完毕后，关闭电源，将显微镜恢复到使用前的状态，罩好仪器套，经教师检查无误后，方可离开实验室。

2. 金相显微试样的制备方法

为了在金相显微镜下确切、清楚地观察到金属内部的显微组织，金相试样必须进行精心的制备。金相试样的制备过程包括取样、磨制、抛光、侵蚀等几个步骤。制备好的试样应能够观察到真实组织，没有磨痕、麻点、水迹等，并使金属组织中的夹杂物、石墨等不脱落，否则将会严重影响显微分析的正确性。

（1）取样。

显微试样部位及观察面的选取，应根据被分析材料或零件的失效特点、加工工艺的性质以及研究的目的等来确定，即取样应具有代表性。例如，在检验和分析失效零件的损坏原因时，除了在损坏部位取样外，还应在完好部位取样，以便于进行比较性分析；在研究金属铸件组织时，由于存在偏析现象，必须从表面到中心同时取样进行观察；对轧制和锻造材料，则应同时截取横向（垂直于轧制方向）及纵向〔平行于轧制方向〕部位的材料做试样；对于一般热处理后零件，由于组织比较均匀，可自由选取断面试样。

试样的截取方法视材料的性质不同而异。软的材料可用锯、车等方法；硬的材料可用水冷砂轮切片机切取或电火花线切割机切割；硬而脆的材料（如白口铸铁）则可用锤击；大件可用氧气切割等。不论哪种方法取样，都应避免试样受热或变形，保证被观察面的金属组织不发生变化。

试样尺寸不要过大，应便于握持和易磨制。通常采用高度为 10～15mm，观察面的边长或直径为 15～25mm 的方块形或圆柱形试样。

对于尺寸过于细小，如细丝、薄片、细管或形状不规则，以及有特殊要求（如观察表层组织）的试样，制备时比较困难，必须采用镶嵌法（略）进行试样镶嵌。

（2）磨制。

试样的磨制一般分为粗磨和细磨两道工序。

粗磨的目的是获得一个平整的表面。将取得的试样磨面用砂轮或锉刀磨制成平面，在砂轮上磨制时，应注意握紧试样，压力不宜太大，并随时用水冷却，以防止试样过热。经粗磨后的试样表面虽较平整，但仍存在有较深的磨痕。

细磨的目的是消除粗磨留下的磨痕，以获得平整而光滑的磨面，并为下一步的抛光做好准备。细磨有手工磨和机械磨两种。

手工磨是用手拿持试样，在金相砂纸上磨平。即将粗磨好的试样用水冲洗并擦干后，依次用由粗到细的各号金相砂纸将磨面磨光。常用的金相砂纸号码有 01 号、02 号、03 号、04 号几种，前者磨粒较粗，后者较细。

磨制试样时砂纸平铺在玻璃板上，一手按住砂纸，另一手握住试样，使试样磨面朝下并与砂纸接触，在轻微压力作用下向前推行磨制，用力要均匀，务求平稳，否则会使磨痕过深，而且易造成磨面变形。试样退回时不能与砂纸接触，以保证磨面平整而不产生弧度。这样"单程单向"地重复进行，直至磨面上的旧磨痕被去掉，新的磨痕均匀一致为止。在调换下一道更细的砂纸时，应将试样上的磨屑和砂粒清除干净，并使试样的磨制方向调转 90°，即与上一道磨痕方向垂直，以便于观察上一道磨痕是否磨去（图 1-10）。

为了加快磨制速度，减轻劳动强度，可采用机械磨。在预磨机的转盘上贴上水砂纸进行试样的机械磨制。水砂纸按粗细有 200 号、300 号、400 号、500 号、600 号、700 号、800 号、900 号、1000 号等。磨制时要注意不断加水冷却，同样依照由粗到细的顺序逐次更换砂纸磨平试样。每换一道砂纸时，应将试样用水冲净，并调转 90°方向磨制。

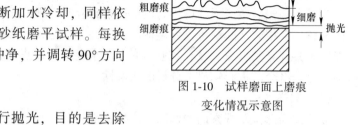

图 1-10　试样磨面上磨痕
变化情况示意图

（3）抛光。

细磨后的试样还需要进行抛光，目的是去除细磨时遗留下的细微磨痕，以获得光亮而无磨痕的镜面。常用抛光方法有机械抛光、电解抛光和化学抛光三种，其中机械抛光应用最广，本实验主要介绍机械抛光方法。

机械抛光是在专用抛光机上进行的。抛光机主要由一个电动机和被带动的一个或两个抛光圆盘（直径 $200 \sim 300mm$）组成。抛光盘转速为 $200 \sim 600r/min$，抛光盘上辅以呢绒布、细帆布、丝绸布等。抛光时在抛光盘上不断滴注抛光液，常用的抛光液是 Al_2O_3、MgO 或 Cr_2O_3 的纯氧化物等细粉末（粒度为 $0.3 \sim 1\mu m$）在水中的悬浮液。或在抛光盘上涂以由极细金刚石粉制成的膏状抛光剂。机械抛光就是靠极细的抛光粉剂对磨面的机械作用来消除磨痕而使其成为光亮的镜面。

抛光操作时，将试样磨面均匀、平整地压在旋转的抛光盘上。压力不宜过大，并沿盘的边缘到中心不断做径向往复移动。抛光时间不宜过长，试样表面磨痕全部消除且呈光亮的镜面后，即可停止抛光。试样用水冲洗干净，然后进行侵蚀，或烘干直接在显微镜下观察。

注意：在抛光机上进行试样抛光时，切记要注意安全，一定要握紧试样，注意力要集中，以防止试样脱手飞出伤人。

（4）浸蚀。

经过抛光后的试样磨面是一光滑镜面，在显微镜下只能看到一片光亮，除某些非金属夹杂物、石墨、孔洞、裂纹外，无法辨别出各种组织组成物及其形态特征。必须经过适当的浸蚀，才能使显微组织正确地显露出来。目前，最常用的浸蚀方法是化学浸蚀法。

化学浸蚀是指将抛光好的试样磨面在化学浸蚀剂（常用酸、碱、盐的酒精或水溶液）中浸蚀或擦拭一定时间。由于金属材料中各相的化学成分和结构不同，故具有不同的电极电位，在浸蚀剂中构成了许多微电池，电极电位低的相为阳极而被溶解，电极电位高相为阳极而被保持不变。所以浸蚀后就形成了凸凹不平的表面，在显微镜下，由于光线在各处的反射情况不同，就能观察到金属的显微组织特征。

纯金属及单相合金浸蚀时，由于晶界原子排列较乱，缺陷及杂质较多，具有较高的能量，故晶界易被浸蚀而呈凹沟。在显微镜下观察时，使光线在晶界处发生漫反射而不能进入物镜，因此显示出一条条黑色的晶界，如图 1-11（a）所示。对于双相合金，由于电极电位不同，负电位的一相被浸蚀形成凹沟，当光线照射到凹凸不平的试样表面时，就能看到不同的组织组成相，如图 1-11（b）所示。

金属中各个晶粒的成分虽然相同，但由于其原子排列位向不同，也会使磨面上各个晶粒的浸蚀程度不尽一致，在垂直光线照射下，各个晶粒就呈现出明暗不同的颜色。

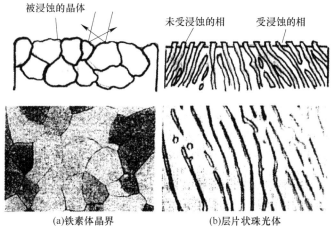

图 1-11　单项和双向组织的显示图

化学浸蚀剂的种类很多，按金属材料的种类和浸蚀的目的，选择适当的浸蚀剂。

浸蚀时可将试样磨面浸入浸蚀剂中，也可用棉花沾浸蚀剂擦拭表面。浸蚀的深浅程度根据组织的特点和观察时的放大倍数来确定。

浸蚀后试样用水及酒精清洗，并用吹风机吹干。

三、实验设备和材料

1. 光学金相显微镜、试样切割机、砂轮机、金相抛光机、电吹风机等。

2. 碳钢试样、不同型号的金相砂纸、抛光粉、硝酸酒精溶液（含 4% HNO_3）、酒精、脱脂棉等。

四、实验内容及步骤

1. 听取实验指导教师讲解金相显微镜的构造、使用方法等内容，熟悉金相显微镜的构造及其操作规程。

2. 由实验指导教师讲解金相试样制备的基本操作过程，学生每人一块试样，进行试样制备全过程的操作，直至制成合格的金相试样。

3. 在金相显微镜下观察所制备试样的显微组织特征，并利用数码相机拍照保存。

4. 在保存的金相组织照片中按要求标注金相信息。

五、实验报告要求

1. 写出实验目的。

2. 扼要描述光学金相显微镜的使用规程，画出显微镜的光学系统示意图。

3. 说明金相试样制备的过程及其注意事项。

4. 将标注好信息的金相照片排版打印粘贴至实验报告中。

思考题

1. 金相显微镜使用时应注意些什么问题？

2. 制备金相试样时，如何使试样制备得又快又好？

实验六　铁碳合金平衡组织的观察与分析

一、实验目的

1. 观察和分析碳钢和白口铸铁在平衡状态下的显微组织。

2. 分析含碳量对铁碳合金的平衡组织的影响，加深理解成分、组织和性能之间的相互关系。

二、实验原理

铁碳合金的显微组织是研究钢铁材料的基础。所谓铁碳合金平衡状态的组织是指在极为缓慢的冷却条件下，比如退火状态所得到的组织。其相变过程按 Fe-Fe$_3$C 相图进行，此相图是研究组织、制订热加工工艺的重要依据。其室温平衡组织均由铁素体 F 和渗碳体 Fe$_3$C 两个相按不同数量、大小、形态和分布所组成。高温下还有奥氏体 A，固溶体相 δ。用金相显微镜分析铁碳合金的组织时，需了解相图中各个相的本质及其形成过程，明确图中各线的意义，三条水平线上的反应产物的本质及形态，并能作出不同合金的冷却曲线，从而得知其凝固过程中组织的变化及最后的室温组织。

在上述的铁碳合金中，碳除了少数固溶于铁素体和奥氏体外，其余的均以渗碳体 Fe$_3$C 方式存在，即按 Fe-Fe$_3$C 相图进行结晶。除此之外，碳还可以以另一种形式存在，即游离状态的石墨，用 G 表示，所以，铁碳合金的结晶过程存在两个相图，即上述的 Fe-Fe$_3$C 相图和 Fe-C 相图。这两个相图常画在一起，就称为铁碳双重相图。

根据 Fe-Fe$_3$C 相图中含碳量的不同，铁碳合金的室温显微组织可分为工业纯铁、钢和白口铸铁三类。

1. 工业纯铁

工业纯铁是含碳量小于 0.0218% 的铁碳合金，室温显微组织为铁素体和少量三次渗碳体。铁素体硬度在 HB80 左右，而渗碳体硬度高达 HB800，工业纯铁中的渗碳体量很小，故塑性、韧性好，而硬度、强度低，不能用作受力零件。

2. 碳钢

碳钢是含碳量在 0.0218%~2.11% 的铁碳合金，高温下为单相的奥氏体组织，塑性好，适应于锻造和轧制，广泛应用于工业上。根据含碳量和室温组织，可将其分为三类：亚共析钢、共析钢和过共析钢。

（1）亚共析钢：含碳量在 0.0218%~0.77% 的铁碳合金，室温组织为铁素体和珠光体。随着含碳量的增加，铁素体的数量逐渐减少，而珠光体的数量则相应地增加。显微组织中铁素体呈白色，珠光体呈暗黑色或层片状。

（2）共析钢：含碳量为 0.77%，其显微组织由单一的珠光体组成，即铁素体和渗碳体的混合物。在光学显微镜下观察时，可看到层片状的特征，即渗碳体呈细黑线状和少量白色细条状分布在铁素体基体上。若放大倍数低，珠光体组织细密或腐蚀过深时，珠光体片层难于分辨，而呈现暗黑色区域。

（3）过共析钢：含碳量在 0.77%~2.11%，室温组织为珠光体和网状二次渗碳体。含碳量越高，渗碳体网越多、越完整。当含碳量小于 1.2% 时，二次渗碳体呈不连续网状，强度、硬度增加，塑性、韧性降低。当含碳量不小于 1.2% 时，二次渗碳体呈连续网状，使强度、塑性、韧性显著降低。过共析钢含碳量一般不超过 1.3%~1.4%。二次渗碳体网用硝酸酒精溶液腐蚀呈白色，若用苦味酸钠溶液热腐蚀则呈暗黑色。

3. 白口铸铁

白口铸铁含碳量在 2.11%~6.69%，室温下碳几乎全部以渗碳体形式存在，故硬度高，但脆性大，工业上应用很少。按含碳量和室温组织将其分为三类：亚共晶白口铸铁、共晶白口铸铁、过共晶白口铸铁。

（1）亚共晶白口铸铁：含碳量在 2.11%~4.3%，室温组织由珠光体、二次渗碳体和变态莱氏体 Ld′ 组成。用硝酸酒精溶液腐蚀后，在显微镜下呈现枝晶状的珠光体和斑点状的莱氏体。其中，二次渗碳体与共晶渗碳体混在一起，不易分辨。

（2）共晶白口铸铁：含碳量为 4.3%，室温组织由单一的莱氏体组成。经腐蚀后，在显微镜下，变态莱氏体呈豹皮状，由珠光体、二次渗碳体及共晶渗碳体组成。珠光体呈暗黑色的细条状及斑点状，二次渗碳体常与共晶渗碳体连成一片，不易分辨。呈亮白色。

（3）过共晶白口铸铁：含碳量大于 4.3%，在室温下的组织由一次渗碳体和莱氏体组成。经硝酸酒精溶液腐蚀后，显示出斑点状的莱氏体基体上分布着亮白色粗大的片状的一次渗碳体。

三、实验设备和材料

1. 观察表 1-6 中的金相样品。
2. XJB-1 型、4X 型、XJP-3A 型和 MG 型金相显微镜数台。
3. 多媒体设备一套。
4. 金相组织照片两套。

表 1-6　碳钢和铸铁的平衡组织样品

序号	材料名称	处理状态	腐蚀剂	放大倍数	显微组织
1	工业纯铁	退火	40%硝酸酒精	400×	$F+Fe_3C_{III}$
2	20 钢	退火	40%硝酸酒精	400×	$F+P$
3	40 钢	退火	4%硝酸酒精	400×	$F+P$
4	60 钢	退火	4%硝酸酒精	400×	$F+P$
5	T8	退火	4%硝酸酒精	400×	P
6	T12	退火	4%硝酸酒精	400×	$P+Fe_3C_{II}$
7	T12	退火	苦味酸钠溶液	400×	$P+Fe_3C_{II}$（Fe_3C 呈黑色）
8	T12	球化退火	4%硝酸酒精	400×	P 球（$F+Fe_3C$ 球）
9	亚共晶白口铸铁	铸态	4%硝酸酒精	400×	$P+Fe_3C_{II}+Ld'$
10	共晶白口铸铁	铸态	4%硝酸酒精	400×	Ld'
11	过共晶白口铸铁	铸态	4%硝酸酒精	400×	Fe_3C_I+Ld'

四、实验内容及步骤

1. 实验前应复习课本中有关部分，认真阅读实验指导书。

2. 熟悉金相样品的制备方法与显微镜的原理和使用。

3. 认真聆听指导教师对实验内容、注意事项等的讲解。

4. 用光学显微镜观察和分析表 1-6 中各金相样品的显微组织。

5. 观察过程中，学会分析相、组织组成物及分析不同碳量的铁碳合金的凝固过程、室温组织及形貌特点。

五、实验报告要求

1. 写出实验目的。

2. 扼要写出实验原理。

3. 将标注好信息的金相照片排版打印粘贴至实验报告中。

思考题

哪几种材料的晶向组织容易混淆，你是如何进行分辨的？

第二章 材料工程基础实验

实验一 雷诺实验

一、实验目的

1. 观察流体在管内流动的两种不同流动形态。
2. 测定临界雷诺数 Re_c。

二、实验原理

流体流动有两种不同形态，即层流（或称滞流，laminar flow）和湍流（或称紊流，turbulent flow）。这一现象最早是由雷诺（Reynolds）于 1883 年首先发现的。流体做层流流动时，其流体质点做平行于管轴的直线运动，且在径向无脉动；流体做湍流流动时，其流体质点除沿管轴方向做向前运动外，还在径向做脉动，从而在宏观上显示出紊乱地向各个方向做不规则的运动。

流体流动形态可用雷诺数（Re）来判断，这是一个由各影响变量组合而成的无因次数群，故其值不会因采用不同的单位制而不同。但应当注意，数群中各物理量必须采用同一单位制。若流体在圆管内流动，则雷诺数可用下式表示：

$$Re = \frac{du\rho}{\mu} \tag{2-1}$$

式中，Re 为雷诺数，量纲为一；d 为管子内径，m；u 为流体在管内的平均流速，m/s；ρ 为流体密度，kg/m^3；μ 为流体黏度；Pa·s。

层流转变为湍流时的雷诺数称为临界雷诺数，用 Re_c 表示。工程上一般认为，流体在直圆管内流动时，当 $Re \leqslant 2000$ 时为层流；当 $Re > 4000$ 时，圆管内已形成湍流；当 Re 为 2000~4000 时，流动处于一种过渡状态，可能是层流，也可能是湍流，或者是二者交替出现，这要视外界干扰而定，一般称这一 Re 范围为过渡区。

式（2-1）表明，对于一定温度的流体，在特定的圆管内流动，雷诺数仅与流体流速有关。本实验即是通过改变流体在管内的速度，观察在不同雷诺数下流体的流动形态。

三、实验装置及流程

实验装置如图 2-1 所示。主要由玻璃试验导管、流量计、流量调节阀、低位储水槽、循环水泵、稳压溢流水槽等部分组成，演示主管路为 ϕ20mm×2mm 硬质玻璃。

实验前，先将水充满低位储水槽，关闭流量计后的调节阀，然后启动循环水泵。待水充满稳压溢流水槽后，开启流量计后的调节阀。水由稳压溢流水槽流经缓冲槽、试验导管和流量计，最后流回低位储水槽。水流量的大小，可由流量计和调节阀调节。

示踪剂采用红色墨水，它由红墨水储瓶经连接管和细孔喷嘴，注入试验导管。细孔玻璃注射管（或注射针头）位于试验导管入口的轴线部位。

注意：实验用的水应清洁，红墨水的密度应与水相当，装置要放置平稳，避免震动。

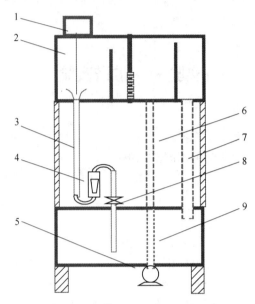

图 2-1　流体流动形态演示实验
1—红墨水储槽；2—溢流稳压槽；3—实验管；4—转子流量计；5—循环泵；
6—上水管；7—溢流回水管；8—调节阀；9—储水槽

四、演示操作

1. 层流流动形态

试验时，先少许开启调节阀，将流速调至所需要的值。再调节红墨水储瓶的下口旋塞，并做精细调节，使红墨水的注入流速与试验导管中主体流体的流速相适应，一般略低于主体流体的流速为宜。待流动稳定后．记录主体流体的流量。此时，在试验导管的轴线上，可观察到一条平直的红色细流，好像一根拉直的红线一样。

2. 湍流流动形态

缓慢地加大调节阀的开度，使水流量平稳地增大，玻璃导管内的流速也随之平稳地增大。此时可观察到，玻璃导管轴线上呈直线流动的红色细流，开始发生波动。随着流速的增大，红色细流的波动程度也随之增大，最后断裂成一段段的红色细流。当流速继续增大时，红墨水进入试验导管后立即呈烟雾状分散在整个导管内，进而迅速与主体水流混为一体，使整个管内流体染为红色，以致无法辨别红墨水的流线。

五、实验步骤

1. 进水，开启进水阀，使水箱充满水，并排除管路系统中的空气。
2. 开启流量计，使水从玻管中流过，控制较小的流速，调节针形阀，控制着色水的注入速度。

3. 调节阀门，逐渐增大流量，观察不同流速下着色水流动的变化。

六、实验数据记录及处理

1. 常数：

水温 t：　　　　　　　　管径 d：$\phi 30\text{mm} \times 2.5\text{mm}$

黏度 μ：　　　　　　　　密度 ρ：

2. 原始数据记录及数据处理表格（表 2-1）。

表 2-1　原始数据记录及数据处理表

序号	流量 $Q/\text{L} \cdot \text{h}^{-1}$	流速 $u/\text{m} \cdot \text{s}^{-1}$	$Re/10^3$	现　象
1				
2				
3				
4				
5				
6				

思考题

1. 为什么要研究流体的流动类型，它在化工过程中有什么意义？
2. 如何确定上临界雷诺数和下临界雷诺数？
3. 流体的流动类型有哪几种？
4. 导致流体以不同的形态流动的原因是什么？

实验二　伯努利方程验证实验

一、实验目的

1. 观测动、静、位压头随管径、位置、流量的变化情况，验证连续性方程和伯努利方程。
2. 定量考察流体流经收缩、扩大管段时，流体流速与管径关系。
3. 定量考察流体流经直管段时，流体阻力与流量关系。
4. 定性观察流体流经节流件、弯头的压头损失情况。

二、实验原理

化工生产中，流体的输送多在密闭的管道中进行，因此研究流体在管内的流动是化学工程中一个重要课题。任何运动的流体，仍然遵守质量守恒定律和能量守恒定律，这是研究流体力学性质的基本出发点。

1. 连续性方程

对于流体在管内稳定流动时的质量守恒形式表现为如下的连续性方程：

$$\rho_1 \iint\limits_1 v dA = \rho_2 \iint\limits_2 v dA \tag{2-2}$$

根据平均流速的定义，有：

$$\rho_1 u_1 A_1 = \rho_2 u_2 A_2 \tag{2-3}$$

即：

$$m_1 = m_2 \tag{2-4}$$

而对于均质、不可压缩流体，$\rho_1 = \rho_2 =$ 常数，则式（2-2）变为：

$$u_1 A_1 = u_2 A_2 \tag{2-5}$$

可见，对于均质、不可压缩流体，平均流速与流通截面积成反比，即流通截面积越大，流速越小；反之，流通截面积越小，流速越大。对于圆管，$A = \pi d^2 / 4$，d 为直径，于是式（2-5）可转化为：

$$u_1 d_1^2 = u_2 d_2^2 \tag{2-6}$$

2. 机械能衡算方程

运动的流体除了遵循质量守恒定律以外，还应满足能量守恒定律，因此，在工程上可进一步得到十分重要的机械能衡算方程。

对于均质、不可压缩流体，在管路内稳定流动时，其机械能衡算方程（以单位质量流体为基准）为：

$$z_1 + \frac{u_1^2}{2g} + \frac{p_1}{\rho g} + W = z_2 + \frac{u_2^2}{2g} + \frac{p_2}{\rho g} + \sum h_f \tag{2-7}$$

显然，上式中各项均具有高度的量纲，z 为位头，$u^2/2g$ 为动压头（速度头），$p/\rho g$ 为静压头（压力头），W 为外加压头，$\sum h_f$ 为压头损失。

关于上述机械能衡算方程的讨论：

（1）理想流体的伯努利方程。无黏性的，即没有黏性摩擦损失的流体称为理想流体。也就是说，理想流体的 $\sum h_f = 0$。若此时又无外加功加入，则机械能衡算方程变为：

$$z_1 + \frac{u_1^2}{2g} + \frac{p_1}{\rho g} = z_2 + \frac{u_2^2}{2g} + \frac{p_2}{\rho g} \tag{2-8}$$

式（2-8）为理想流体的伯努利方程。该式表明，理想流体在流动过程中，总机械能保持不变。

（2）若流体静止，则 $u = 0$，$W = 0$，$\sum h_f = 0$，于是机械能衡算方程变为：

$$z_1 + \frac{p_1}{\rho g} = z_2 + \frac{p_2}{\rho g} \tag{2-9}$$

式（2-9）即为流体静力学方程，可见流体静止状态是流体流动的一种特殊形式。

3. 管内流动分析

按照流体流动时的流速以及其他与流动有关的物理量（例如压力、密度）是否随时间而变化，可将流体的流动分成两类：稳态流动和非稳态流动。连续生产过程中的流体流动，多可视为稳态流动，在开工或停工阶段，则属于不稳态流动。

流体流动有两种不同形态，即层流和湍流，这一现象最早是由雷诺（Reynolds）于1883年发现的。流体做层流流动时，其流体质点做平行于管轴的直线运动，且在径向无脉动；流体做湍流流动时，其流体质点除沿管轴方向做向前运动外，还在径向做脉动，从而在宏观上显示出紊乱地向各个方向做不规则的运动。

流体流动形态可用雷诺数（Re）来判断，这是一个无因次数群，故其值不会因采用不同的单位制而不同。但应当注意，数群中各物理量必须采用同一单位制。若流体在圆管内流动，则雷诺数可用下式表示：

$$Re = \frac{du\rho}{\mu} \tag{2-10}$$

式中，Re 为雷诺数，量纲为一；d 为管子内径，m；u 为流体在管内的平均流速，m/s；ρ 为流体密度，kg/m^3；μ 为流体黏度，Pa·s。

式（2-10）表明，对于一定温度的流体，在特定的圆管内流动，雷诺数仅与流体流速有关。层流转变为湍流时的雷诺数称为临界雷诺数，用 Re_c 表示。工程上一般认为，流体在直圆管内流动时，当 $Re \leqslant 2000$ 时，为层流；当 $Re > 4000$ 时，圆管内已形成湍流；当 Re 为 $2000 \sim 4000$ 时，流动处于一种过渡状态，可能是层流，也可能是湍流，或者是二者交替出现，这要视外界干扰而定，一般称这一 Re 范围为过渡区。

三、装置流程

图 2-2 所示装置为有机玻璃材料制作的管路系统，通过泵使流体循环流动。管路内径为 30mm，节流件变截面处管内径为 15mm。单管压力计 1 和 2 可用于验证变截面连续性方程，单管压力计 1 和 3 可用于比较流体经节流件后的能头损失，单管压力计 3 和 4 可用于比较流体经弯头和流量计后的能头损失及位能变化情况，单管压力计 4 和 5 可用于验证直管段雷诺数与流体阻力系数关系，单管压力计 6 与 5 配合使用，用于测定单管压力计 5 处的中心点速度。

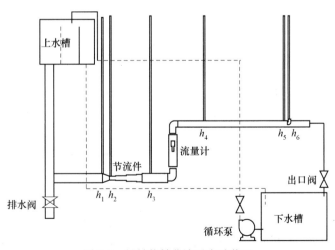

图 2-2　机械能转化演示实验装置

在本实验装置中设置了两种进料方式：（1）高位槽进料；（2）直接泵输送进料。设置这两种方式是为了让学生有对比，当然直接泵进料液体是不稳定的，会产生很多空气，这样实验数据会有波动，所以一般在采集数据的时候建议采用高位槽进料。

四、实验步骤

1. 先在下水槽中加满清水，保持管路排水阀、出口阀关闭状态，通过循环泵将水打入上水槽中，使整个管路中充满流体，并保持上水槽液位一定高度，可观察流体静止状态时各管段高度。

2. 通过出口阀调节管内流量，注意保持上水槽液位高度稳定（即保证整个系统处于稳定流动状态），并尽可能使转子流量计读数在刻度线上。观察记录各单管压力计读数和流量值。

3. 改变流量，观察各单管压力计读数随流量的变化情况。注意每改变一个流量，需给予系统一定的稳流时间，方可读取数据。

4. 结束实验，关闭循环泵，全开出口阀排尽系统内流体，之后打开排水阀排空管内沉积段流体。

注意：（1）若不是长期使用该装置，对下水槽内液体也应做排空处理，防止沉积尘土，否则可能堵塞测速管；（2）每次实验开始前，需先清洗整个管路系统，即先使管内流体流动数分钟，检查阀门、管段有无堵塞或漏水情况。

五、数据分析

1. h_1 和 h_2 的分析

由转子流量计流量读数及管截面积，可求得流体在 1 处的平均流速 u_1（该平均流速适用于系统内其他等管径处）。若忽略 h_1 和 h_2 间的沿程阻力，适用伯努利方程即式（2-8），且由于 1 和 2 处等高，则有：

$$\frac{p_1}{\rho g} + \frac{u_1^2}{2g} = \frac{p_2}{\rho g} + \frac{u_2^2}{2g} \tag{2-11}$$

其中，两者静压头差即为单管压力计 1 和 2 读数差（m_{H_2O}），由此可求得流体在 2 处的平均流速 u_2。令 u_2 代入式（2-11），验证连续性方程。

2. h_1 和 h_3 的分析

流体在 1 和 3 处，经节流件后，虽然恢复到了等管径，但是单管压力计 1 和 3 的读数差说明了能头的损失（即经过节流件的阻力损失）。且流量越大，读数差越明显。

3. h_3 和 h_4 的分析

流体经 3 到 4 处，受弯头和转子流量计及位能的影响，单管压力计 3 和 4 的读数差明显，且随流量的增大，读数差也变大，可定性观察流体局部阻力导致的能头损失。

4. h_4 和 h_5 的分析

直管段 4 和 5 之间，单管压力计 4 和 5 的读数差说明了直管阻力的存在（小流量时，该读数差不明显，具体考察直管阻力系数的测定可使用流体阻力装置），根据：

$$h_f = \lambda \frac{L}{d} \frac{u^2}{2g} \tag{2-12}$$

可推算得阻力系数，然后根据雷诺准数，做出两者关系曲线。

5. h_5 和 h_6 的分析

单管压力计 5 和 6 之差指示的是 5 处管路的中心点速度，即最大速度 u_c，有：

$$\Delta h = \frac{u_c^2}{2g} \tag{2-13}$$

考察在不同雷诺数下，最大速度 u_c 与管路平均速度 u 的关系。

六、实验数据记录与处理

1. 调节管路系统中的流量大小至五个不同值，分别观察记录五根玻璃管内的液面位置（表 2-2）。

表 2-2 数据记录表

序号	流量 q_V/L·h^{-1}	h_1/cm	h_2/cm	h_3/cm	h_4/cm	h_5/cm
1						
2						
3						
4						
5						

2. 数据处理表格（表 2-3）。

表 2-3 数据处理表

序号	u_1/m·s^{-1}	u_2/m·s^{-1}	$u_1 A_1$/m^3·s^{-1}	$u_2 A_2$/m^3·s^{-1}	u_5/m·s^{-1}	u_{5c}/m·s^{-1}
1						
2						
3						
4						
5						

思考题

1. 为什么每次读数一定要等玻璃管内液面稳定了才能进行？
2. 由液面 1、2 的高度不相等，可以说明什么问题？
3. 如果液面 1、3 的高度不等，能否说明伯努利方程成立？

实验三 空气-蒸汽对流传热系数的测定

一、实验目的

1. 了解间壁式传热元件，掌握对流传热系数测定的实验方法。
2. 掌握热电阻测温的方法，观察水蒸气在水平管外壁上的冷凝现象。

3. 学会对流传热测定的实验数据处理方法，了解影响对流传热的因素和强化传热的途径。

二、实验原理

在工业生产过程中，大量情况下，冷、热流体系通过固体壁面（传热元件）进行热量交换，称为间壁式换热。如图 2-3 所示，间壁式传热过程由热流体对固体壁面的对流传热，固体壁面的热传导和固体壁面对冷流体的对流传热所组成。达到传热稳定时，有：

$$Q = m_1 c_{p1}(T_1 - T_2) = m_2 c_{p2}(t_2 - t_1) = \alpha_1 A_1 (T - T_W)_M = \alpha_2 A_2 (t_W - t)_m = kA\Delta t_m$$

$$(2\text{-}14)$$

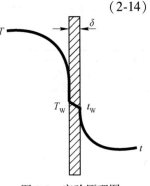

式中，Q 为传热量，J/s；m_1 为热流体的质量流率，kg/s；c_{p1} 为热流体的比热容，J/(kg·℃)；T_1 为热流体的进口温度，℃；T_2 为热流体的出口温度，℃；m_2 为冷流体的质量流率，kg/s；c_{p2} 为冷流体的比热容，J/(kg·℃)；t_1 为冷流体的进口温度，℃；t_2 为冷流体的出口温度，℃；α_1 为热流体与固体壁面的对流传热系数，W/(m²·℃)；A_1 为热流体侧的对流传热面积，m²；$(T - T_W)_m$ 为热流体与固体壁面的对数平均温差，℃；α_2 为冷流体与固体壁面的对流传热系数，W/(m²·℃)；A_2 为冷流体侧的对流传热面积，m²；$(t_W - t)_m$ 为固体壁面与冷流体的对

图 2-3　实验原理图

数平均温差，℃；k 为以传热面积 A 为基准的总给热系数，W/(m²·℃)；Δt_m 为冷热流体的对数平均温差，℃。

热流体与固体壁面的对数平均温差可由式（2-15）计算：

$$(T - T_W)_M = \frac{(T_1 - T_{W1}) - (T_2 - T_{W2})}{\ln \dfrac{T_1 - T_{W1}}{T_2 - T_{W2}}}$$

$$(2\text{-}15)$$

式中，T_{W1} 为热流体进口处热流体侧的壁面温度，℃；T_{W2} 为热流体出口处热流体侧的壁面温度，℃。

固体壁面与冷流体的对数平均温差可由式（2-16）计算：

$$(t - t_w)_m = \frac{(T_1 - T_{W1}) - (T_2 - T_{W2})}{\ln \dfrac{t_{W1} - t_1}{t_{W2} - t_2}}$$

$$(2\text{-}16)$$

式中，t_{W1} 为冷流体进口处冷流体侧的壁面温度，℃；t_{W2} 为冷流体出口处冷流体侧的壁面温度，℃。

热、冷流体间的对数平均温差可由式（2-17）计算：

$$\Delta t_m = \frac{(T_1 - t_2) - (T_2 - t_1)}{\ln \dfrac{T_1 - t_2}{T_2 - t_1}}$$

$$(2\text{-}17)$$

当在套管式间壁换热器中，环隙通以水蒸气，内管管内通以冷空气或水进行对流传热系数测定实验时，由式（2-18）的内管内壁面与冷空气或水的对流传热系数：

$$\alpha_2 = \frac{m_2 c_{p2}(t_2 - t_1)}{A_2(t_W - t)_m} \tag{2-18}$$

实验中测定紫铜管的壁温 t_{W1}、t_{W2}，冷空气或水的进出口温度 t_1、t_2，实验用紫铜管的长度 l、内径 d_2，$A_2 = \pi d_2 l$，以及冷流体的质量流量，即可计算 α_2。

然而，直接测量固体壁面的温度，尤其管内壁的温度，实验技术难度大，而且所测得的数据准确性差，带来较大的实验误差。因此，通过测量相对较易测定的冷热流体温度来间接推算流体与固体壁面间的对流传热系数就成为人们广泛采用的一种实验研究手段。

由式（2-18）得：

$$k = \frac{m_2 c_{p2}(t_2 - t_1)}{A \Delta t_m} \tag{2-19}$$

实验测定 m_2、t_1、t_2、T_1、T_2，并查取 $t_{avg} = \frac{1}{2}(t_1 + t_2)$ 下冷流体对应的 c_{p2}、换热面积 A，即可由上式计算得总给热系数 k。

1. 近似法求算对流传热系数 α_2

以管内壁面积为基准的总传热系数与对流传热系数间的关系为：

$$\frac{1}{k} = \frac{1}{\alpha_2} + R_{s2} + \frac{b d_2}{\lambda d_m} + R_{s1}\frac{d_2}{d_1} + \frac{d_2}{\alpha_1 d_1} \tag{2-20}$$

式中，d_1 为换热管外径，m；d_2 为换热管内径，m；d_m 为换热管的对数平均直径，m；b 为换热管的壁厚，m；λ 为换热管材料的导热系数，W/(m·℃)；R_{s1} 为换热管外侧的污垢热阻，m^2·K/W；R_{s2} 为换热管内侧的污垢热阻，m^2·K/W。

用本装置进行实验时，管内冷流体与管壁间的对流传热系数为几十到几百 W/(m^2·K)；而管外为蒸汽冷凝，冷凝传热系数 α_1 可达 10^4 W/(m^2·K) 左右，因此冷凝传热热阻 $\dfrac{d_2}{\alpha_1 d_1}$ 可忽略，同时蒸汽冷凝较为清洁，因此换热管外侧的污垢热阻 $R_{s1}\dfrac{d_2}{d_1}$ 也可忽略。实验中的传热元件材料采用紫铜，导热系数为 383.8W/(m^2·K)，壁厚为 2.5mm，因此换热管壁的导热热阻 $\dfrac{b d_2}{\lambda d_m}$ 可忽略。若换热管内侧的污垢热阻 R_{s2} 也忽略不计，则由式（2-20）得：

$$\alpha_2 \approx k \tag{2-21}$$

由此可见，被忽略的传热热阻与冷流体侧对流传热热阻相比越小，此法所得的准确性就越高。

2. 传热系数关联式求算对流传热系数 α_2

对于流体在圆形直管内做强制湍流对流传热时，若符合如下范围内：$Re = 1.0 \times 10^4 \sim 1.2 \times 10^5$，$Pr = 0.7 \sim 120$，管长与管内径之比 $l/d \geqslant 60$，则传热系数经验式为：

$$Nu = 0.023 Re^{0.8} Pr^n \tag{2-22}$$

式中，Nu 为努塞尔数，$Nu = \dfrac{\alpha d}{\lambda}$，量纲为一；$Re$ 为雷诺数，$Re = \dfrac{d u \rho}{\mu}$，量纲为一；$Pr$ 为普朗特数，$Pr = \dfrac{c_p \mu}{\lambda}$，量纲为一；当流体被加热时 $n = 0.4$，流体被冷却时 $n = 0.3$；α 为流体与固

体壁面的对流传热系数，W/（m² · ℃）；d 为换热管内径，m；λ 为流体的导热系数，W/（m · ℃）；u 为流体在管内流动的平均速度，m/s；ρ 为流体的密度，kg/m³；μ 为流体的黏度，Pa · s；c_p 为流体的比热容，J/（kg · ℃）。

对于水或空气在管内强制对流被加热时，可将式（2-22）改写为：

$$\frac{1}{\alpha_2} = \frac{1}{0.023} \times \left(\frac{\pi}{4}\right)^{0.8} \times d_2^{1.8} \times \frac{1}{\lambda_2 Pr^{0.4}} \times \left(\frac{\mu_2}{m_2}\right)^{0.8} \qquad (2\text{-}23)$$

令：

$$m = \frac{1}{0.023} \times \left(\frac{\pi}{4}\right)^{0.8} \times d_2^{1.8} \qquad (2\text{-}24)$$

$$X = \frac{1}{\lambda_2 Pr^{0.4}} \times \left(\frac{\mu_2}{m_2}\right)^{0.8} \qquad (2\text{-}25)$$

$$Y = \frac{1}{K} \qquad (2\text{-}26)$$

$$C = R_{s2} + \frac{bd_2}{\lambda d_m} + R_{s1}\frac{d_2}{d_1} + \frac{d_2}{\alpha_1 d_1} \qquad (2\text{-}27)$$

则式（2-22）可写为：

$$Y = mX + C \qquad (2\text{-}28)$$

当测定管内不同流量下的对流传热系数时，由式（2-28）计算所得的 C 值为一常数。管内径 d_2 一定时，m 也为常数。因此，实验时测定不同空气流量下所对应的 t_1、t_2、T_1、T_2，由式（2-17）、式（2-19）、式（2-25）、式（2-26）求取一系列 X、Y 值，再在 $X \sim Y$ 图上作图或将所得的 X、Y 值回归成一直线，该直线的斜率即为 m。任一空气流量下的传热系数 α_2 可用下式求得：

$$\alpha_2 = \frac{\lambda_2 Pr^{0.4}}{m} \times \left(\frac{m_2}{\mu_2}\right)^{0.8} \qquad (2\text{-}29)$$

3. 冷流体质量流量的测定

（1）若用转子流量计测定冷空气的流量，还须用下式换算得到实际的流量：

$$V' = V \sqrt{\frac{\rho(\rho_f - \rho')}{\rho'(\rho_f - \rho)}} \qquad (2\text{-}30)$$

式中，V' 为实际被测流体的体积流量，m³/s；ρ' 为实际被测流体的密度，kg/m³，均可取 $t_{avg} = \frac{1}{2}(t_1 + t_2)$ 下对应水或空气的密度，见冷流体物性与温度的关系式；V 为标定用流体的体积流量，m³/s；ρ 为标定用流体的密度，kg/m³，对于水 $\rho = 1000\text{kg/m}^3$，对于空气 $\rho = 1.205\text{kg/m}^3$；$\rho_f$ 为转子材料密度，kg/m³。

于是：

$$m_2 = V'\rho' \qquad (2\text{-}31)$$

（2）若用孔板流量计测冷流体的流量，则有：

$$m_2 = \rho V \qquad (2\text{-}32)$$

式中，V 为冷流体进口处流量计读数；ρ 为冷流体进口温度下对应的密度。

4. 冷流体物性与温度的关系式

在 0~100℃ 之间，冷流体的物性与温度的关系有如下拟合公式：

（1）空气的密度与温度的关系式：

$$\rho = 10^{-5}t^2 - 4.5 \times 10^{-3}t + 1.2916 \tag{2-33}$$

（2）空气的比热容与温度的关系式：

60℃以下，$c_p = 1005 \mathrm{J/(kg \cdot ℃)}$；

70℃以上，$c_p = 1009 \mathrm{J/(kg \cdot ℃)}$。

（3）空气的导热系数与温度的关系式：

$$\lambda = -2 \times 10^{-8}t^2 + 8 \times 10^{-5}t + 0.0244 \tag{2-34}$$

（4）空气的黏度与温度的关系式：

$$\mu = (-2 \times 10^{-6}t^2 + 5 \times 10^{-3}t + 1.7169) \times 10^{-5} \tag{2-35}$$

三、实验装置与流程

1. 实验装置

来自蒸汽发生器的水蒸气进入不锈钢套管换热器环隙，与来自风机的空气在套管换热器内进行热交换，冷凝水经阀门排入地沟。冷空气经孔板流量计或转子流量计进入套管换热器内管（紫铜管），热交换后排出装置外（图2-4）。

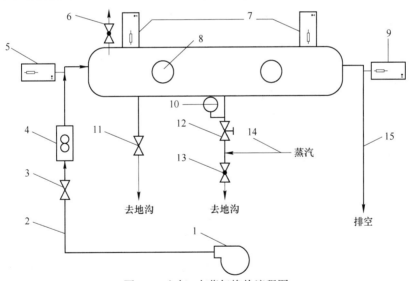

图 2-4　空气-水蒸气换热流程图

1—风机；2—冷流体管路；3—冷流体进口调节阀；4—转子流量计；5—冷流体进口温度；
6—不凝性气体排空阀；7—蒸汽温度；8—视镜；9—冷流体出口温度；10—压力表；
11—水汽排空阀；12—蒸汽进口阀；13—冷凝水排空阀；14—蒸汽进口管路；15—冷流体出口管路

2. 设备与仪表规格

（1）紫铜管规格：直径 $\phi 21 \mathrm{mm} \times 2.5 \mathrm{mm}$，长度 $L = 1000 \mathrm{mm}$。

（2）外套不锈钢管规格：直径 $\phi 100 \mathrm{mm} \times 5 \mathrm{mm}$，长度 $L = 1000 \mathrm{mm}$。

（3）铂热电阻及无纸记录仪温度显示。

（4）全自动蒸汽发生器及蒸汽压力表。

四、实验步骤与注意事项

1. 实验步骤

（1）打开控制面板上的总电源开关，打开仪表电源开关，使仪表通电预热，观察仪表显示是否正常。

（2）在蒸汽发生器中灌装清水，开启发生器电源，水泵会自动将水送入锅炉，灌满后会转入加热状态。到达符合条件的蒸汽压力后，系统会自动处于保温状态。

（3）打开控制面板上的风机电源开关，让风机工作，同时打开冷流体进口阀，让套管换热器里充有一定量的空气。

（4）打开冷凝水出口阀，排出上次实验余留的冷凝水，在整个实验过程中也保持一定开度。注意开度适中，开度太大会使换热器中的蒸汽跑掉，开度太小会使换热不锈钢管里的蒸汽压力过大而导致不锈钢管炸裂。

（5）在通水蒸气前，也应将蒸汽发生器到实验装置之间管道中的冷凝水排除，否则夹带冷凝水的蒸汽会损坏压力表及压力变送器。具体排除冷凝水的方法是：关闭蒸汽进口阀门，打开装置下面的排冷凝水阀门，让蒸汽压力把管道中的冷凝水带走，当听到蒸汽响时关闭冷凝水排除阀，方可进行下一步实验。

（6）开始通入蒸汽时，要仔细调节蒸汽阀的开度，让蒸汽徐徐流入换热器中，逐渐充满系统中，使系统由"冷态"转变为"热态"，不得少于10min，防止不锈钢管换热器因突然受热、受压而爆裂。

（7）上述准备工作结束，系统也处于"热态"后，调节蒸汽进口阀，使蒸汽进口压力维持在0.01MPa，可通过调节蒸汽发生器出口阀及蒸汽进口阀开度来实现。

（8）通过调节冷空气进口阀来改变冷空气流量，在每个流量条件下，均须待热交换过程稳定后方可记录实验数值，一般每个流量下至少应使热交换过程保持5min方为视为稳定；改变流量，记录不同流量下的实验数值。

（9）记录6~8组实验数据，可结束实验。先关闭蒸汽发生器，关闭蒸汽进口阀，关闭仪表电源，待系统逐渐冷却后关闭风机电源，待冷凝水流尽，关闭冷凝水出口阀，关闭总电源。

（10）待蒸汽发生器为常压后，将锅炉中的水排尽。

2. 注意事项

（1）先打开水汽排空阀，注意只开一定的开度，开得太大会使换热器里的蒸汽跑掉，开得太小会使换热不锈钢管里的蒸汽压力增大而使不锈钢管炸裂。

（2）一定要在套管换热器内管输送以一定量的空气后，方可开启蒸汽阀门，且必须在排除蒸汽管线上原先积存的凝结水后，方可把蒸汽通入套管换热器中。

（3）刚开始通入蒸汽时，要仔细调节蒸汽进口阀的开度，让蒸汽徐徐流入换热器中，逐渐加热，由"冷态"转变为"热态"，不得少于10min，以防止不锈钢管因突然受热、受压而爆裂。

（4）操作过程中，蒸汽压力一般控制在0.02MPa（表压）以下，否则可能造成不锈钢管爆裂。

（5）确定各参数时，必须是在稳定传热状态下，随时注意蒸汽量的调节和压力表读数的调整。

五、实验数据记录与处理

1. 原始数据记录表（表2-4）。

传热面积 $A =$ 　　　　　 m^2；

表2-4　原始数据记录表

序号	空气流量 $V_2/m^3 \cdot h^{-1}$	$t_1/℃$	$t_2/℃$	$T_1/℃$	$T_2/℃$
1					
2					
3					
4					
5					
6					

2. 数据处理表（表2-5）。

表2-5　数据处理表

序号	Q/W	$\Delta t_{m逆}/℃$	$K/W \cdot (m^2 \cdot ℃)^{-1}$	$\alpha_2/W \cdot (m^2 \cdot ℃)^{-1}$	Re	Nu	Pr	$\ln Re$	$\ln(Nu/Pr^{0.4})$
1									
2									
3									
4									
5									
6									

（1）计算冷流体传热系数的实验值。

（2）确定空气传热系数的关联式。由实验数据作图拟合曲线方程，确定 $\dfrac{Nu}{Pr^{0.4}} = ARe^m$ 式中的常数 A 及 m；以 $\ln\left(\dfrac{Nu}{Pr^{0.4}}\right)$ 为纵坐标，$\ln(Re)$ 为横坐标，将处理实验数据的结果标绘在图上，并与教材中的经验式 $\dfrac{Nu}{Pr^{0.4}} = 0.023Re^{0.8}$ 比较。

思考题

1. 实验中冷流体和蒸汽的流向，对传热效果有何影响？
2. 在计算空气质量流量时所用到的密度值与求雷诺数时的密度值是否一致？它们分别表示什么位置的密度，应在什么条件下进行计算。
3. 在实验中，有哪些因素影响实验的稳定性？
4. 影响传热系数 K 的因素有哪些？

5. 实验过程中，冷凝水不及时排走，会产生什么影响？如何及时排走冷凝水？如果采用不同压强的蒸汽进行实验，对 α 关联式有何影响？

实验四 平板导热系数的测定

一、实验目的

1. 学习用平板法测定绝热材料导热系数的实验方法和技能。
2. 测定试验材料的导热系数。
3. 确定试验材料导热系数与温度的关系。

二、实验原理

图 2-5 为实验原理示意图。IMDRY3001-Ⅱ双平板导热系数测定仪采用稳态测量，只有在冷板、热板和护板达到稳态热平衡的条件下，才能得到正确的结果。按照一维稳态传热方程，热板加热器产生的热量通过试件传递到冷板，并由冷板的循环水等工质传递到系统外，形成了一个热力循环。该循环的热力方程式如下：

$$\lambda = \frac{\theta d}{A(T_1 - T_2)} \tag{2-36}$$

式中，θ 为加热单元计量部分的平均加热功率，W；d 为试件平均厚度，m；T_1 为试件热面温度平均值，K；T_2 为试件冷面温度平均值，K；A 为计量面积，m^2。

平板试件分别被夹紧在加热器的上下热面和上下水套的冷面之间。加热器的上下面和水套与试件的接触面都设有铜板。

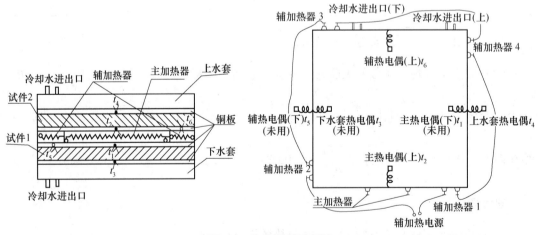

图 2-5 实验原理示意图

三、实验装置

IMDRY3001-Ⅱ双平板导热系数测定仪外形结构示意图（图 2-6）；双平板导热仪的平

面图（图 2-7）；低温恒温槽结构（图 2-8）；低温恒温槽界面（图 2-9）。

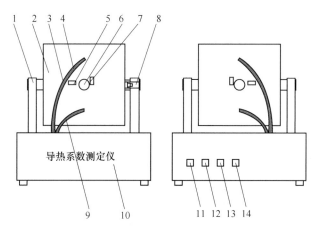

图 2-6　导热仪外形结构示意图

1—支架；2—炉体；3—冷板循环水管（出水）；4—护管；5—压力显示器；6—手轮；7—测厚尺；8—固定插板；
9—冷板循环水管（进水）；10—电器箱体；11—数据线接口；12—电源插座；13—电源开关；14—高低档切换开关

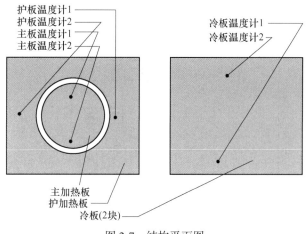

图 2-7　结构平面图

　　主加热板：又称主加热炉，直径 150mm，内部有加热器，是仪器的基本供热体。供给试件热量。在主加热板内部装有两个温度传感器——主板温度计 1 和主板温度计 2，用来测量热板温度，温度传感器的精度很高。

　　护加热板：外形尺寸为 300mm×300mm，内部环形直径 152mm。护加热板的温度随时跟踪主加热板温度变化，其功能是一方面使热板热量和外界没有热交换，同时又要保证护加热板没有热量传给主加热板。保证主加热板和冷板的热流单向流动。护加热板内部装有两个高精度温度传感器——护板温度计 1 和护板温度计 2，用来测量护板温度。

　　冷板：其尺寸为 300mm×300mm，内有环形水道，通过恒温槽进行加热或冷却。内部装有温度传感器，用来测量冷板的温度。

　　试件，一式两块，300mm×300mm，标准厚度为 20mm，最大尺寸不大于 50mm，分别放在主板冷板之间，测量在稳态条件下传递的热量，经过计算得出试件的导热系数。

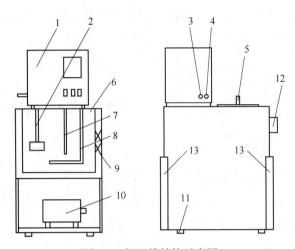

图 2-8　恒温槽结构示意图

1—操作界面；2—循环泵；3—出水管；4—进水管；5—上盖；6—恒温槽内胆；7—Pt100 传感器；
8—电加热器；9—隔热层；10—制冷部；11—底脚；12—放水阀；13—散热板

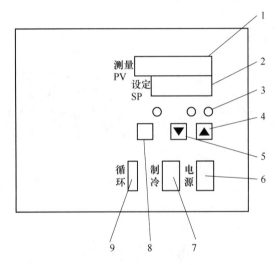

图 2-9　低温恒温槽界面

1—PV 显示器（红色），显示测量值或根据仪器状态显示不同的提示符；

2—SP 显示器（绿色），显示设定值或根据仪器状态显示不同的提示符；

3—指示灯，自整定指示灯（AT）（绿），加热控制指示灯（OUT）（绿），报警输出指示灯（ALM）（红）；

4—数字键（升）；5—数字键（降）；6—电源开关；7—制冷开关；8—功能键，设定值的修正和确认；9—循环开关

四、实验内容和步骤

1. 实验准备

恒温槽里面加所需液体至满状态。如长时间不用，请排除恒温槽内的液体，保持干燥状态下存放；要求使用稳定的 220V 的交流电源；地线齐全。

试件准备：

（1）试件要求同种材料 2 块；

（2）试件标准尺寸 300mm×300mm；

（3）试件厚度 5~45mm。平整度按照国家标准为 0.1mm；

（4）由于各地的温度、湿度的不同，建议试验之前对试件进行养护；

（5）同时，标准物质（又称标准参比板）也同时需要养护，保持干燥。建议每次试验前用标准参比板对仪器进行校对。

2. 实验步骤

（1）试件安放。

1）将主机信号线与电脑连接正确，电脑及主机电源插好，打开导热仪主机背部的电源开关。

2）将主炉体平行地面安放，插入"固定插销"将炉体固定。

3）在无试件的状态下，旋转丝杠手柄，将丝杠退回最底位。

4）将测厚尺调至最低，打开测厚尺电源开关，按下"ZERO"键，使测厚尺示数为零。

5）旋转丝杠手柄，将丝杠退回最高位。

6）打开炉盖，放置待测试件，要求试件平放在热板上。

注意：试件要充分接触热板，避免安放在炉体四周的固定塑料上，以免产生空气夹层，影响试验结果。

7）关闭炉盖，将锁扣锁紧，注意炉盖不可与炉体护板研磨。

8）旋动丝杠手柄，使压力模块示数符合国家标准，软性试件注意不可过度压缩。

9）将测厚尺调至最低，记录测厚尺示数，软性试件注意不可过度压缩。

10）打开定位插销，将炉体按照水管引向端翻转 180°，安装第 2 块试件同上；注意炉体只能翻转 180°，请勿翻转 360°。

11）打开定位插销，将炉体垂直地面摆放，处于测试状态。

（2）试验开始。

1）打开恒温槽，设置冷板温度。

注意：请先开启电源开关，再开启循环开关，最后打开制冷开关。请每个按键之间保持 3s 的间隔，以免瞬间电流过大，损坏保险管。

2）打开计算机电源开关，进入 IMDRY3001-Ⅱ 导热系数测定仪主界面。

3）用鼠标点击左侧"进入"按钮后立即进入测量界面。

4）在操作界面的左侧，依次输入测试单位名称、测试人、试件名称等相关参数。

5）设置热板温度：用鼠标点击热板温度内框，填入所需试验温度。

6）试件厚度为安放试件中两次测量的平均值。

预热时间一般为 30min。测试时间一般为 150min，测试人员可以随时用图表监控测试过程，如果长时间仍不能达到平衡，注意相应增长测试时间。

（3）试验结束：界面显示示意图如图 2-10 所示。

1）测定完成后系统会自动给出测试结果及测试报告。点击界面的"浏览全部数据"即可以对全部数据进行处理和查看。

2）关闭恒温槽。

注意：请先关闭制冷开关，再关闭循环开关，最后关闭电源开关。

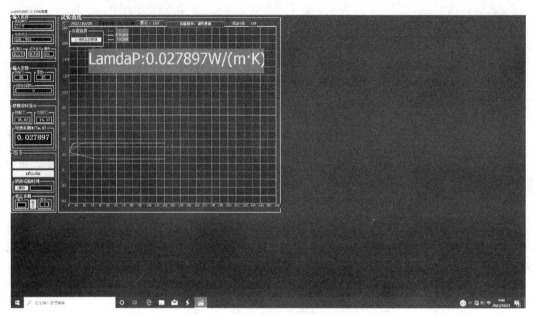

图 2-10　试验结果界面示意图

3）测定结束后，将试件取出，放入保护板，将设备归位。

4）打印数据后，关闭计算机和导热仪主机电源，测试结束。

五、实验数据处理

1. 例：图 2-11 为平板导热系数测试结果。

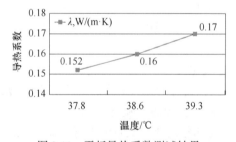

图 2-11　平板导热系数测试结果

2. 误差分析：由于辅助加热器加热温度低于主加热器，造成主加热器向四周散热，温度测量过程中有误差。

思考题

1. 传热有哪几种方式？

2. 影响导热系数的因素有哪些？

3. 什么是稳定温度场？

4. 导热热阻的大小跟什么有关？

5. 如何减少测量过程中的散热损失？

6. 用双平板导热仪来测量导热系数的优点有哪些？

实验五　自然对流横管管外放热系数的测定

一、实验目的

1. 了解空气沿管表面自由放热的实验方法，巩固课堂上学过的知识；
2. 掌握测定单管的自然对流放热系数的操作步骤；
3. 熟悉根据对自然对流放热的相似分析，整理出准则方程式。

二、实验原理

对铜管进行电加热，热量应是以对流和辐射两种方式来散发的，所以对换热量为总热量与辐射换热量之差，即：

$$Q = Q_C + Q_\tau \tag{2-37}$$

其中　　$Q_C = \alpha F(T_W - T_f)$，$\alpha = \dfrac{P}{F(T_W - T_f)} - \dfrac{C_0 \varepsilon}{T_W - T_f}\left[\left(\dfrac{T_W}{100}\right)^4 - \left(\dfrac{T_f}{100}\right)^4\right]$

式中，Q 为换热量，W；Q_τ 为辐射换热量，W；Q_C 为对流换热量，W；ε 为试管表面黑度；C_0 为黑体的辐射系数，$C_0 = 5.67\text{W}/(\text{m}^2 \cdot \text{K}^4)$；$T_W$ 为管壁平均温度；T_f 为室内空气温度；α 为自由运动放热系数；P 为加热功率；F 为换热面积。

根据相似理论，对于自由对流放热，努塞尔数 Nu，是格拉晓夫数 Gr、普朗特数 Pr 的函数即：

$$Nu = f(Gr, Pr) \tag{2-38}$$

可表示成：

$$Nu = f(Gr, Pr)^n \tag{2-39}$$

式中，n 为通过实验所确定的常数，为了确定上述关系式的具体形式，根据测量数据计算结果求得准数：

$$Nu = \dfrac{\alpha d}{\lambda}, \quad Gr = \dfrac{g\Delta t \beta d^3}{\nu^2} \tag{2-40}$$

式中，Pr、β、λ、ν 物性参数由定性温度从教科书中查出。

改变加热量，可求得一组准数，把几组数据标在对数坐标上得到以 Nu 为纵坐标，以 Gr、Pr 为横坐标的一系列点，画一条直线，使大多数点落在这条直线上或周围，根据：

$$\lg Nu = \lg c + n\lg(Gr \cdot Pr) \tag{2-41}$$

可得这条直线的斜率为 n，截距为 c。

三、实验装置

实验装置由实验管（四种类型），支架、测量仪表电控箱等组成。实验管上有热电偶嵌入管壁，可测量出管壁的温度，由安装在电控箱上的测温数显表通过转换开关读取温度值。电加热功率则可用数显电压表、电流表测定读取并加以计算得出。实验装置简图见图 2-12 和图 2-13。图 2-14 为软件操作界面显示示意图。

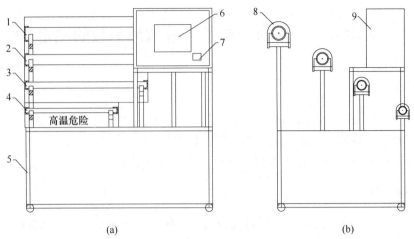

(a)　　　　　　　　　　　　　　(b)

图 2-12　实验装置正视图(a)和侧视图(b)

1~4—加热管；5—不锈钢可移动台架；6—触摸屏；7—电源开关；8—防护网；9—电箱

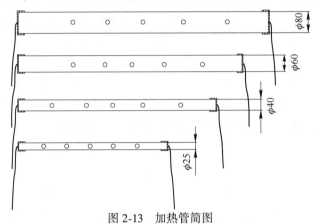

图 2-13　加热管简图

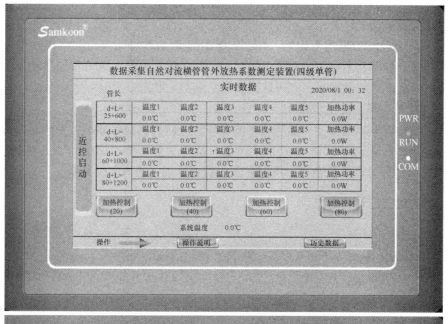

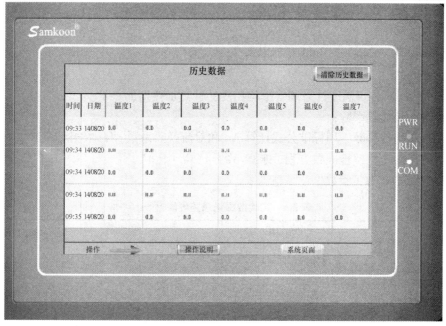

图 2-14 软件操作界面显示图

注意事项：

（1）管壁面温度较高，注意不要被烫伤；

（2）壁面温度不宜高过 250℃，否则可能会产生刺鼻性气味；

（3）处理试验数据，单位要统一。

四、实验步骤

1. 实验装置接入电源，打开电源开关，屏幕点亮以后，点击进入系统界面。

2. 选择某一直径实验管进行实验，在触摸屏上设置加热控制温度，温度设定可以稍高一点，作为温度保护装置。

3. 调节此直径的加热功率为某一值，实验管壁面温度开始上升，待温度稳定后，记录各温度数值和加热功率数值，间隔 10~15min 再记录一次温度数值和加热功率，两次记录数值基本一样或者变动很小，则可认为实验达到稳定状态。

4. 改变加热功率，重复步骤 3。

5. 4 根实验管可以选择同一加热功率同时实验，研究实验管外尺寸不同，自由运动放热系数的变化。

6. 结束实验并处理实验数据，可以在历史数据里面，查看实验数据。

五、实验数据记录及处理

1. 已知数据

管径：$d_1 = 80$mm；$d_2 = 60$mm；$d_3 = 40$mm；$d_4 = 25$mm。

管长：$L_1 = 1200$mm；$L_2 = 1000$mm；$L_3 = 800$mm；$L_4 = 600$mm。

黑度：$\varepsilon_1 = 0.11$；$\varepsilon_2 = \varepsilon_3 = \varepsilon_4 = 0.15$。

加热管功率：$P_1 = 1200$W；$P_2 = 1000$W；$P_3 = 800$W；$P_4 = 600$W。

2. 测试数据

管壁温度 T_1、T_2、$\cdots$、T_n；室内温度 T；功率 P。

3. 整理数据

根据所测圆管各点温度计算圆管平均温度，计算加热器的热量。

（1）求对流放热系数；

（2）查出物性参数，用标准公式计算 Nu 和对流换热系数 α'，求相对误差。

（3）以组为单位整理准数方程，求得 $Nu = c(Gr \cdot Pr)^n$。

表 2-6~表 2-8 为实验数据记录整理表。

表 2-6　实验数据记录整理表（一）

序号	横管几何尺寸			功率 P /W	室温 /℃	温度/℃					管表面温度 T_w/℃
	D/mm	L/mm	F/m^2			1	2	3	4	5	
1											
2											
3											
4											

表 2-7　实验数据记录整理表（二）

序号	D	Δt	t_m	T_m	β	λ	ν	Pr	Gr	Re	a	Nu
1												
2												
3												
4												

表 2-8　实验数据记录整理表（三）

$\lg Nu$				
$\lg(Gr \cdot Pr)$				

思考题

1. 怎样才能使本实验管的加热条件成为常壁温？
2. 管子表面的热电偶应沿长度和圆周均匀分布，目的何在？
3. 如果室内空气温度不平静，会导致什么后果？
4. 本实验的 Gr 范围有多大，是否可达到紊流状态？

实验六　中温法向辐射率的测定

一、实验目的

1. 了解测量物体表面法向辐射率的基本原理，加深对法向辐射的理解；
2. 掌握用比较法定性地测量中温辐射时物体的黑度 ε；
3. 熟悉中温法向辐射率测量仪的使用及操作步骤。

二、实验原理

由 n 个物体组成的辐射换热系统中，通过净辐射公式，可以求得物体 I 的纯换热量 $Q_{net.i}$

$$Q_{net.i} = Q_{abs.i} - Q_{e.i} = \alpha_i \sum_{k=1}^{n} \int_{F_k} E_{eff.k} \Psi_i(dk) dF_k - \varepsilon_i E_{b.i} F_i \tag{2-42}$$

式中，$Q_{net.i}$ 为 i 面的净辐射换热量；$Q_{abs.i}$ 为 i 面从其他表面的吸热量；$Q_{e.i}$ 为 i 面本身的辐射热量；ε_i 为 i 面的黑度；$\Psi_i(dk)$ 为 k 面对 i 面的角系数；$E_{eff.k}$ 为 k 面有效的辐射力；$E_{b.i}$ 为 i 面的辐射力；α_i 为 i 面的吸收率；F_i 为 i 面的面积。

如图 2-15 所示，根据本实验的设备情况，可以认为它们表面上的温度均匀。

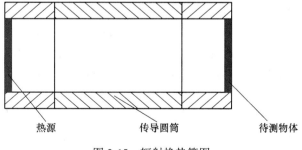

热源　　　　传导圆筒　　　　待测物体

图 2-15　辐射换热简图

因此，式（2-42）可写成：

$$Q_{net.3} = \alpha_3(E_{b.1}E_1\Psi_{1.3} + E_{b.2}E_2\Psi_{2.3}) - \varepsilon_3 E_{b.3}F_3 \qquad (2\text{-}43)$$

因为 $F_1 = F_3$；$3 = \varepsilon_3$；$\Psi_{3.2} = \Psi_{1.2}$，又根据角系数的互换性 $F_2\Psi_{2.3} = F_3\Psi_{3.2}$，则：

$$q_3 = \frac{Q_{net.3}}{F_3} = \varepsilon_3(E_{b.1}\Psi_{1.3} + E_{b.2}\Psi_{1.2} - E_{b.3}) \qquad (2\text{-}44)$$

由于受体 3 与环境主要以自然对流方程换热，因此：

$$q_3 = \alpha_d(t_3 - t_f) \qquad (2\text{-}45)$$

式中，α_d 为换热系数；t_3 为待测物体（受体）温度；t_f 为环境温度。由式（2-43）和式（2-44）可得：

$$\varepsilon_3 = \frac{\alpha_d(t_3 - t_f)}{E_{b.1}\Psi_{1.3} + E_{b.2}\Psi_{1.2} - E_{b.3}} \qquad (2\text{-}46)$$

当热源 1 和黑体圆筒 2 的表面温度一致时，$E_{b.1} = E_{b.2}$，并考虑到，体系 1、2、3 为封闭系统，则：$\Psi_{1.3} + \Psi_{1.2} = 1$。因此，式（2-46）可以写成：

$$\varepsilon_3 = \frac{\alpha(t_3 - t_f)}{E_{b.1}E_{b.3}} = \frac{\alpha(t_3 - t_f)}{\sigma(T_1^4 - T_3^4)} \qquad (2\text{-}47)$$

式中，σ 为斯忒藩-玻耳兹曼常数，其值为 $5.7 \times 10^{-8}\text{W}/(\text{m}^2 \cdot \text{K}^4)$，对不同待测物体（受体）a，b 的黑度 ε 为：

$$\varepsilon_a = \frac{\alpha_a(T_{3a} - T_f)}{\sigma(T_{1a}^4 - T_{3a}^4)}, \quad \varepsilon_b = \frac{\alpha_b(T_{3a} - T_f)}{\sigma(T_{1b}^4 - T_{3b}^4)} \qquad (2\text{-}48)$$

设 $\alpha_a = \alpha_b$，则：

$$\frac{\varepsilon_a}{\varepsilon_b} = \frac{T_{3a} - T_f}{T_{3b} - T_f} \cdot \frac{T_{1b}^4 - T_{3b}^4}{T_{1a}^4 - T_{3a}^4} \qquad (2\text{-}49)$$

当 b 为黑体时，$\varepsilon_b \approx 1$，式（2-49）可以写成：

$$\varepsilon_a = \frac{T_{3a} - T_f}{T_{3b} - T_f} \cdot \frac{T_{1b}^4 - T_{3b}^4}{T_{1a}^4 - T_{3a}^4} \qquad (2\text{-}50)$$

三、实验内容及步骤

1. 实验内容

本实验仪器用比较法定性地测定物体的黑度，具体方法是通过对三组加热器电压的调整（热源一组，传导体二组），使热源和传导体的测量点恒定在同一温度上，然后分别将"待测"物体（受体为待测物体，具有原来的表面状态）和"黑体"（受体仍为待测物体，但表面熏黑）两种状态的受体在恒温条件下，测出受到辐射后的温度，就可按公式计算出待测物体的黑度。图 2-16 为中温法向辐射率测量仪装置图，图 2-17 为设备操作界面。

2. 实验步骤

（1）热源腔体和传导腔体对正连接至无缝连接，受体腔体（使用具有原来表面状态的物体作为受体）靠近传导体，对正并紧固。

（2）接通 AC220V 电源，打开测量箱上红色电源开关，设备进入工作状态，延迟数十

热源温度　传导腔一　传导腔二　受体温度

图 2-16　中温法向辐射率测量仪装置图

秒属于正常（如未启动成功，可关闭红色开关按钮重启一次即可）。在彩色触摸屏式液晶
屏上触摸温度设定窗口，输入设定温度后，点击"加热控制"，仪器自动对热源和受体加
热。点击屏幕上"加热重新计时"，可记录加热时间。

（3）系统进入恒温后，热源、传导腔一、传导腔二和受体温度变化较慢时，每隔 3～
5min 记录一次数据，直至各个温度相对稳定，记录下一组数据，把最终三组数据填入实
验数据记录表，"待测"受体实验结束。

（4）关闭电源开关，松开导轨螺丝，取下受体，将受体冷却后，用松脂（带有松脂
的松木）或蜡烛将受体熏黑，熏黑后，将其冷却至室温左右，然后重复以上实验，测得黑
体的三组数据。将两组数据代入公式即可得出代测物体的黑度 $\varepsilon_{受}$。

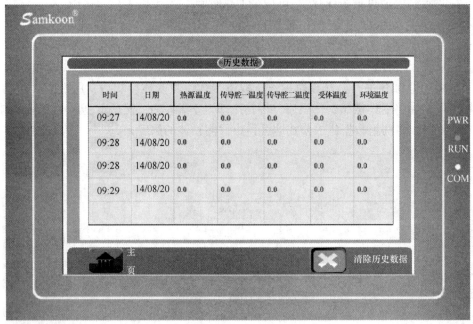

图 2-17　设备操作界面

注意事项：

（1）热源及传导的温度不宜超过 90℃。

（2）每次做原始状态实验时，建议用汽油或酒精将待测物体表面擦净，否则，实验结果将有较大出入。

（3）当黑体表面有划痕时，要重新熏黑。

（4）同一台仪器先后两次测量（受体、黑体），必须是相同的设定温度（即温度设定只进行一次），否则实验数据无效。

四、实验数据记录及处理

1. 实验数据记录（表2-9）

表2-9 实验数据记录

序号	热源/℃	传导/℃		受体（紫铜光面）/℃	备注
		1	2		
1					
2					室温/℃
3					
平均/℃					

序号	热源/℃	传导/℃		受体（紫铜熏黑）/℃	备注
		1	2		
1					
2					室温/℃
3					
平均/℃					

2. 数据处理

根据式（2-51）得到本实验数据处理公式：

$$\frac{\varepsilon_{受}}{\varepsilon_0} = \frac{\Delta T_{受}(T_{源}^4 - T_0^4)}{\Delta T_0(T_{源}^4 - T_{受}^4)} \tag{2-51}$$

思考题

1. 实验中你所遇到的最明显的问题是什么？
2. 你对该仪器的可靠性有何评价？
3. 实验测得的辐射率是什么温度下的数值？
4. 如何利用该仪器测定不同温度下的法向辐射？

实验七　流体流动阻力的测定

一、实验目的

1. 掌握流体流经直管和阀门时的阻力损失和测定方法，通过实验了解流体流动中能量损失的变化规律。

2. 测定直管摩擦系数 λ 与雷诺数 Re 的关系。

3. 测定流体流经闸阀时的局部阻力系数 ξ。

二、实验原理

图 2-18 为沿程阻力管示意图。

图 2-18　沿程阻力管示意图

1. 计算有机玻璃管沿程阻力系数

断面 1 和 2 处的能量方程：

$$z_1 + \frac{p_1}{\rho g} + \frac{\alpha v_1^2}{2g} = z_2 + \frac{p_2}{\rho g} + \frac{\alpha v_2^2}{2g} + h_f \tag{2-52}$$

由于管道直径不变，所以两断面流速水头相等，于是有：

$$h_f = \left(z_1 + \frac{p_1}{\rho g}\right) - \left(z_2 + \frac{p_2}{\rho g}\right) = \Delta h \tag{2-53}$$

即 1、2 两断面间的沿程水头损失等于两断面间的水头差。

根据达西公式：

$$h_f = \lambda \frac{v^2 L}{2gd} \tag{2-54}$$

于是：

$$\lambda = \frac{2gd}{v^2 L} h_f = \frac{2gd}{v^2 L} \Delta h \tag{2-55}$$

式中，λ 为管道沿程阻力系数；d 为实验管管径；h_f 为 1、2 两断面间的沿程水头损失；L 为 1、2 两断面间的距离；v 为管中平均流速；g 为重力加速度。

由此可以计算出沿程阻力系数 λ。

水流在不同的流区及不同的流态下，其沿程水头损失与断面平均流速的关系是不同的。在层流状态下，沿程水头损失与断面平均流速成正比；在紊流状态下，沿程水头损失与断面的平均流速的 1.75~2 次方成正比。

2. 计算不锈钢管沿程阻力系数

同理，可在 3-4 截面列伯努利方程式，按上述步骤计算不锈钢管沿程阻力系数。

3. 计算圆管局部阻力

局部阻力实验装置采用有机玻璃试验管制作如图 2-19 所示，采用内直径 25mm 和内直径 14mm 的有机玻璃管制作。

其中，$L_{14\text{-}15} = 130$mm；$L_{15\text{-}16} = 260$mm；$L_{16\text{-}17} = 130$mm；$L_{17\text{-}B} = 40$mm；$L_{B\text{-}18} = 90$mm；$L_{18\text{-}19} = 65$mm。

圆管突然扩大段：局部阻力实验管采用三点法测量。三点法是在突然扩大管段上布设

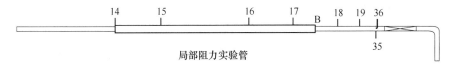

图 2-19 局部阻力实验管示意图

三个测点，如图 2-19 中的测点 14、15 和 16 所示。流段 14-15 为突然扩大局部水头损失发生段，流段 15-16 为均匀流流段。本试验中测点 14、15 间距为测点 15、16 间距的一半，按照流程长度比例换算得出：

$$h_{f14\text{-}15} = h_{f15\text{-}16}/2 = \Delta h_{15\text{-}16}/2 = (h_{15} - h_{16})/2 \tag{2-56}$$

$$h_j = (h_{14} + \alpha v_{14}^2/2g) - (h_{15} + \alpha v_{15}^2/2g + (h_{15} - h_{16})/2) \tag{2-57}$$

若圆管突然扩大段的局部阻力因数 ξ 用上游流速 v_{14} 表示，为：

$$\xi = h_j/(\alpha v_{14}^2/2g) \tag{2-58}$$

对应上游流速 v_{13} 圆管突然扩大段理论公式为：

$$\xi = \left(1 - \frac{A_{14}}{A_{15}}\right)^2 \tag{2-59}$$

因此，只需试验测得三个测压点的水头值及流量等即可算得突然扩大段局部阻力水头损失。

圆管突然缩小段：本试验装置采用四点法测量圆管突然缩小段的局部阻力水头损失。四点法是在突然缩小管段上布设四个测点，如图 2-19 中的 16、17、18 和 19 所示。图中 B 点为突缩断面处。流段 17-18 为突然缩小局部水头损失发生段，流段 16-17、18-17 都为均匀流流段。流段 17-B 间的沿程水头损失按流程长度比例由测点 16-17 测得，流段 B-18 的沿程水头损失按流程长度比例由测点 18、19 测得。

本实验管道中：

$$L_{15\text{-}16} = 2L_{14\text{-}15} = 2L_{16\text{-}17} = 4L_{18\text{-}19};$$

$$L_{17\text{-}B} = \frac{4}{9}L_{B\text{-}18} = \frac{4}{13}L_{16\text{-}17};$$

$$L_{B\text{-}16} = \frac{18}{13}L_{18\text{-}19}$$

$$h_{f17\text{-}18} = \frac{4}{13}h_{f16\text{-}17} + \frac{18}{13}h_{f18\text{-}19} = \frac{4}{13}\Delta h_{16\text{-}15} + \frac{18}{13}\Delta h_{18\text{-}19}$$

$$h_j = (h_{17} + \alpha v_{17}^2/2g) - (h_{18} + \alpha v_{18}^2/2g + h_{f17\text{-}18})$$

若圆管突然缩小段的局部阻力因数 ξ 用下游流速 v_{18} 表示，为：

$$\xi = h_j/(\alpha v_{18}^2/2g) \tag{2-60}$$

对应于下游流速 v_{18} 的圆管突然缩小段经验公式为：

$$\xi = 0.5\left(1 - \frac{A_{18}}{A_{17}}\right) \tag{2-61}$$

因此，只要实验测得四个测压点的水头值 h_{16}、h_{17}、h_{18} 和 h_{19} 及流量等即可得到突然缩小段局部阻力水头损失。

4. 计算阀门局部阻力系数

使用三点法测量阀门局部阻力，如图 2-20 所示。

实验中测量 5、6 和 7 测压点的压力，装置上 $L_{5\text{-}6}=L_{6\text{-}7}$，所以 $h_j=\Delta h_{5\text{-}6}-\Delta h_{6\text{-}7}$。

$$\zeta=\frac{h_j}{v^2/2g} \qquad (2\text{-}62)$$

式中，v 为管道中的流速。本实验即是通过改变流体在管内的速度，观察在不同雷诺数下流体的流动形态。

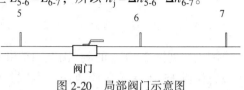

图 2-20　局部阀门示意图

三、实验装置

本实验采用如图 2-21 所示的计算机型多功能流体力学实验台的实验管供水方式并设计成为自循环，图 2-22 为设备装置俯视图，图 2-23 为实验管及压力安装点简图。实验装置测压管粗细相同，避免粗细不同的测压管的毛细现象不同使得压力测量出现偏差。

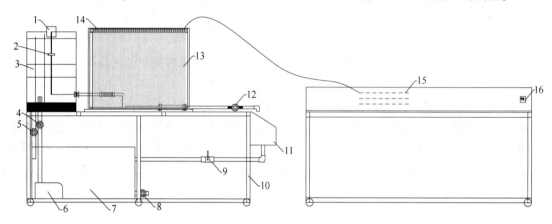

图 2-21　设备装置示意图

1—指示剂盒；2—指示剂流量调节阀；3—恒压水箱；4—上水阀门；5—下水阀门；6—水泵；
7—储水箱；8—放水阀；9—回水阀门；10—不锈钢可移动台架；11—回水箱；12—流量控制阀；
13—测压板；14—放气阀；15—测压连接口；16—电源开关

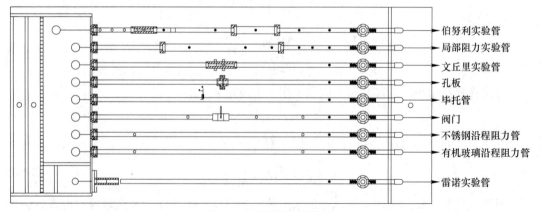

图 2-22　设备装置俯视图

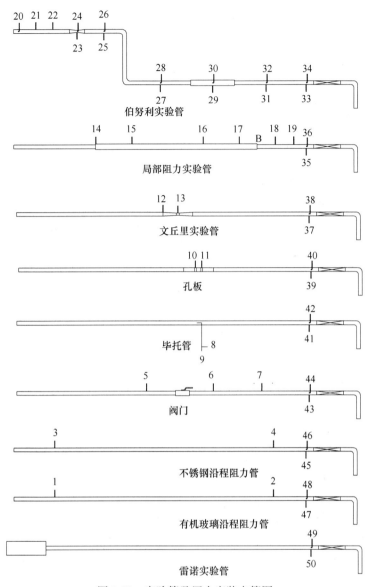

图 2-23　实验管及压力安装点简图

实验台框架采用不锈钢制作，安装移动轮，实验台可移动。储水箱采用 ABS 材质制作，安装放空阀，储水箱内部有潜水泵，潜水泵出口连接至恒压供水器进水管。有机玻璃制作的恒压供水器，采用溢流板来恒定供水水压，采用稳水孔板来减小水流的波动，使得作用水头变化较小。

四、实验内容及实验步骤

1. 实验准备

（1）熟悉实验各部件。

（2）将设备管路连接好，接上电源。

（3）将水箱装满水，将雷诺实验管的指示剂盒加入指示剂。

（4）打开总电源开关。

（5）熟悉电脑软件界面的操作指南，依次选择各组实验功能，完成所需实验、该软件可对采集的数据进行实时显示、分析处理、自动生成表格、数据曲线、历史数据记录、配备系统运行动态显示等功能。

（6）在电脑界面上启动水泵，手动开关流量调节阀，将实验管中的空气排尽，排尽空气后关闭流量调节阀。

（7）熟悉排软管中气泡的方法：拔出与测压管相连的软管，使水流一会，将软管中的气泡排尽，排尽后插回与之相对应的测压管。

2. 有机玻璃沿程阻力系数实验

（1）进行实验准备，触摸屏上选择有机玻璃沿程阻力系数实验，启动水泵。

（2）待水箱中的水开始溢流后，打开流量调节阀，进行排气和流量校准。

（3）流量调节阀全开，水流稳定后，开始测量水温、流量和压差，并记录。

（4）减小尾阀的开度，减小实验流量，水流稳定后，再开始测量水温、流量和压差，并记录，一般做到 6 个工况。

（5）重复实验，每次压差下降要均匀，直到流量为一较小数。

（6）做实验时，要注意温度的变化，在计算雷诺数使用经验公式来估算运动黏度时，温度若变化，要体现在运动黏度中。可在软件界面上进行数据处理，实验结束后，点击返回菜单回到系统界面。

3. 不锈钢沿程阻力系数实验

（1）进行实验准备，触摸屏上选择不锈钢沿程阻力系数实验，启动水泵。

（2）待水箱中的水开始溢流后，打开流量调节阀，进行排气和流量校准。

（3）流量调节阀全开，水流稳定后，开始测量水温、流量和压差，并记录。

（4）减小尾阀的开度，减小实验流量，水流稳定后，再开始测量水温、流量和压差，并记录，一般做到 6 个工况。

（5）重复实验，每次压差下降要均匀，直到流量为一较小数。

（6）做实验时，要注意温度的变化，在计算雷诺数使用经验公式来估算运动黏度时，温度若变化，要体现在运动黏度中。可在软件界面上进行数据处理，实验结束后，点击返回菜单回到系统界面。

4. 局部阻力系数测定实验

（1）进行实验准备，触摸屏上选择局部阻力系数测定实验，启动水泵。

（2）待水箱中的水开始溢流后，打开流量调节阀，进行排气和流量校准。

（3）流量调节阀全开，水流稳定后，开始测量流量和压差，并记录。

（4）减小流量调节阀的开度，水流稳定后，再开始测量流量和压差，并记录，一般做到 6 个工况。

5. 阀门实验

（1）进行实验准备，触摸屏上选择阀门实验，启动水泵。

（2）待水箱中的水开始溢流后，测试阀门全开，打开流量调节阀，进行排气和流量校准。

（3）流量调节阀全开，水流稳定后，开始测量流量和压差，并记录。

（4）减小测试阀门的开度，水流稳定后，再开始测量流量和压差，并记录，一般做到

6个工况。

（5）重复实验，每次压差下降要均匀，直到流量为一较小数。

（6）可在软件界面上进行数据处理，实验结束后，点击返回菜单回到系统界面。

注意事项：

（1）实验完毕关闭水泵，关闭总电源开关。

（2）流量调节阀全开，使管道中的水排尽。

（3）若测压管中留有部分水，可打开测压管上的排气阀将管中的水排尽。

（4）长时间不做实验，需要将水箱中的水放空。

五、实验数据记录与处理

1. 有机玻璃沿程阻力系数实验记录与处理（表2-10、表2-11）

表2-10 实验数据

测次	流量 Q /mL·s^{-1}	流速 v /10^{-2}m·s^{-1}	测压点 p_1/kPa	测压点 p_2/kPa	沿程损失 h_f /10^{-2}m	λ	Re
1							
2							
3							
4							
5							
6							
7							

表2-11 实验数据

测 次	1	2	3	4	5	6	7	8	9	10	11	12
lg(h_f)												
lg(v)												
lg(Re)												
lg(λ)												

2. 不锈钢沿程阻力系数实验记录与处理（表2-12、表2-13）

表2-12 实验数据

测次	流量 Q /mL·s^{-1}	流速 v /10^{-2}m·s^{-1}	测压点 p_1/kPa	测压点 p_2/kPa	沿程损失 h_f /10^{-2}m	λ	Re
1							
2							
3							
4							
5							
6							
7							

表 2-13　实验数据

测　次	1	2	3	4	5	6	7	8	9	10	11	12
$\lg(h_f)$												
$\lg(v)$												
$\lg(Re)$												
$\lg(\lambda)$												

3. 局部阻力系数测定实验记录与处理（表 2-14）

表 2-14　实验数据

次数	流量/mL·s^{-1}	测压点/kPa						突扩 $\zeta_扩$	突缩 $\zeta_缩$
		1	2	3	4	5	6		
1									
2									
3									
4									
5									
6									

4. 阀门实验记录与处理（表 2-15）

表 2-15　实验数据

序号	p_1/kPa	p_2/kPa	p_3/kPa	阻力系数 λ	流量/mL·s^{-1}
1					
2					
3					
4					
5					
6					

思考题

1. 为什么实验数据测定前首先要赶尽设备和测压管中的空气?
2. 以水为工作流体所测得的 λ-Re 曲线能否应用于空气, 如何应用?
3. 不同管径、不同水温下测定的 λ-Re 数据能否关联在同一条曲线上? 为什么?
4. 如果测压口、孔边缘有毛刺或安装不正, 对静压的测量有何影响?
5. 如果要增加实验中雷诺数 Re 的范围, 可采取哪些措施?

第三章　材料制备基础实验

实验一　机械法制备粉体材料

一、实验目的

1. 掌握陶瓷粉体制备的原理和常用方法；
2. 了解影响陶瓷粉体制备的各种因素；
3. 明确粉体性能对陶瓷生产的实际意义。

二、实验原理

粉体的制备方法分两种：一是粉碎法；二是合成法。粉碎法是由粗颗粒来获得细粉的方法，通常采用机械粉碎。现在发展到采用气流粉碎技术。一方面，在粉碎的过程中难免混入杂质；另一方面，无论哪种粉碎方式都不易制得粒径在 $1\mu m$ 以下的微细颗粒。合成法是由离子、原子、分子通过反应、成核和长大、收集、后处理来得到微细颗粒的方法。这种方法的特点是可获得纯度、粒度可控均匀性好且颗粒微细的粉体，并且可以实现颗粒在分子级水平上的复合、均化。通常合成法包括固相法、液相法和气相法。

三、实验仪器设备

（1）行星球磨机；
（2）振动球磨机；
（3）轻型球磨机；
（4）搅拌球磨机；
（5）0.3T 和 0.03T 球磨机；
（6）颚式破碎机。

四、粉碎设备的使用

陶瓷工业广泛使用的粉碎设备有：

（1）颚式破碎机：用于大块原料的粗加工。粒度粗、进料和出料的粉碎比较小（约为 4）而且细度调节范围也不大。

（2）轮碾机：属中碎设备。物料在固定碾盘和滚动的碾轮之间相对滑动，在碾轮的重力作用下被研磨和压碎。粉碎比较大（约 10 以上）。不适合碾磨含水量大于 15% 的物料。

（3）球磨机：为陶瓷工业使用最广泛的细碎设备。湿球磨粉碎效率更高。物料在旋转的筒内与比重较大的介质（球、棒）相互撞击和研磨而被磨细。影响球磨效率的主要因素如下：

1）球磨机转速：球磨介质在离心力的作用下上升到滚筒的上部，自由落下砸在磨料上时，球磨的效率最高。球磨机转速太高，会使介质在离心力的作用下随滚筒旋转，失去了撞击作用；转速太低，介质只能在下部滚动失去了与磨料的撞击作用，磨细的效率降低。临界转速 $N(r/min)$ 与球磨机内径 $D(m)$ 有如下关系：

$$D<1.25m\ 时，\ N=40/\sqrt{D} \tag{3-1}$$

2）球磨介质：球磨介质越多磨料被撞击和研磨的机会越多，球磨的效率越高。但介质过多，占据的空间太多，反而降低了效率。介质的表面积越大，研磨的效率越高；但是介质又不能太小，介质太小，下落的重力太小，降低了对磨料的磨细作用。一般，大球占10%，中球占20%，小球占70%。

球磨过程中介质也会被磨损、进入磨料。因此在选用时应当考虑介质带入的杂质对材料的影响以及除去杂质的方法。

3）水量：湿磨的效率高，但加入水量过多，不仅占据了空间，而且物料不能黏附在介质上，降低了研磨作用；加入水量过少，泥浆流动性差，易成团，甚至将介质黏在一起，失去了研磨作用。经验数据为：料∶水 = 1∶1.2。

4）加料粒度一般为2mm。

5）球磨机的装载量：通常总装载量为筒容积的 $\dfrac{4}{5}$。

物料∶介质∶水 = 1∶（1.2~1.5）∶（1.0~1.2）

其他粉碎设备还有：

（1）环辊磨机：磨碎效率高，磨碎比大于60，带入的铁杂质多。

（2）笼式打粉机：用于打散湿的粉团料块。

（3）锤式打粉机。

（4）振动磨：利用介质在磨机内作高频率振动将物料粉碎。进料粒度为2mm，出料粒度为60μm以下（干磨时可达5μm，湿磨时可达1μm）。

注意：采用粉碎法制粉，尽可能地避免磨机引入的杂质（采用相同材质的磨球）；或采用除铁工艺、磁选和酸洗（同时不能损失有用的成分）。

本实验将安排参观实验室现有的各种粉碎设备，并通过行星球磨机干法快速超细粉碎与滚筒式球磨机湿法研磨陶瓷泥浆的演示实验，加深同学们对各种设备的结构、工作原理、操作方法、工艺控制参数等各个方面的理解。

五、注意事项

1. 注意物料、介质与水间的比例；

2. 严格按照实验流程操作；

3. 注意安全。

思考题

1. 用何方法制备陶瓷细粉和超细粉末？

2. 制备超细粉体对材料性能有何影响？

3. 球磨机的工作原理是什么，有哪些操作关键？

实验二　粉体粒度的测量

一、实验目的

1. 了解球磨机的结构、工作原理及工作参数；了解标准筛的结构、筛目数选择和筛组数确定；

2. 了解激光粒度分析仪的结构、工作原理及工作参数；

3. 掌握筛分法和激光粒度测试仪测量粉体粒度的检测方法及粉体粒度分布的表示法。

二、实验原理

筛分法是借助筛网孔径大小将物料进行分离的方法。筛分过程中，筛分物料置于具有一定筛孔大小的单个筛子或一系列筛子上，每个筛子的筛孔尺寸从上至下依次减小，使尺寸大于筛孔的颗粒截留在筛子上面，称为筛上料，而比较小的颗粒通过筛孔至下一个筛子上，直到不能通过筛子为止，这部分称为筛下料。筛分法就是将粉体分成 $n+1$（n 为筛子数）个较均匀的粒子群，精确称量每个粒子群的质量，绘出粉体的粒径分布的频率分布和累积分布直方图和分布曲线，直观表示粉体粒度的分布情况；依据上下筛子的筛孔尺寸，计算不同粒子群的算术平均筛分径和几何平均筛分径，计算公式如下：

$$算术平均筛分径 = (a_1 + a_2)/2 \tag{3-2}$$

$$几何平均筛分径 = \sqrt{a_1 a_2} \tag{3-3}$$

激光粒度分析仪是根据光的散射原理测量粉颗粒大小的，具有测量的动态范围大、测量速度快、操作方便等优点，是一种适用面较广的粒度仪。原理上可以用于测量各种固体粉末、乳液颗粒、雾滴的粒度分布。现实的仪器一般根据具体的用途做具体的设计。

光在行进中遇到微小颗粒时，会发生散射。如图 3-1 所示，大颗粒的散射角较小，小颗粒的散射角较大。

从 He-Ne 激光器发出波长为 632.8nm 的激光束，经显微物镜后汇聚在针孔，针孔将滤掉所有的高阶散射光，只让空间低频的激光通过。然后激光束成为发散的光束。该光束通过准直镜后形成平行光。当测试窗口中没有颗粒吹过时，平行光束通过傅里叶透镜后将被聚焦在环形光电探测器的中心，并穿过中心的小孔照到中心探测器上。当样品池内有颗粒样品时，汇聚的光束将有一部分被颗粒散射到环形探测器的各

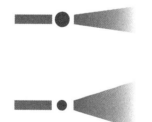

图 3-1　激光对不同粒子的散射示意图

探测单元以及大角探测器上。光能信号通过光电探测器转换成了相应的电流信号，送给数据采集卡。该卡将电信号放大，再进行 A/D 转换后送入计算机。根据光的散射理论和仪器的光学结构，计算机事先已计算出了仪器测量范围内各种直径粒子对应的散射光能分布，其集合组成了光能矩阵 M，矩阵中每一列代表一个粒径范围一个单位重量的颗粒产生的散射光能分布。因此：

$$\begin{bmatrix} s_1 \\ s_2 \\ \vdots \\ s_n \end{bmatrix} = \begin{bmatrix} m_{11}, & m_{12}, & \cdots, & m_{1n} \\ m_{21}, & m_{22}, & \cdots, & m_{2n} \\ & & \vdots & \\ m_{n1}, & m_{n2}, & \cdots, & m_{nn} \end{bmatrix} \begin{bmatrix} w_1 \\ w_2 \\ \vdots \\ w_n \end{bmatrix} \tag{3-4}$$

式中，w_1，w_2，$\cdots$，w_n 代表颗粒的重量分布。根据上式，只要已知散射光能分布 s_1，s_2，$\cdots$，s_n，通过适当的数值计算手段可以计算出与之相应的粒度分布。

如果存在一个球形粒子，则衍射图样由中心的一个亮斑和由中心向外一圈一圈越来越弱的亮环组成。如果假定所有颗粒都比波长大许多，而且考虑接近正方向的衍射，则可根据衍射光强度的计算公式（3-5）计算粒子半径，即夫琅和弗近似公式。

$$I(\theta) = I_0 \kappa^2 d^4 \frac{J_l(\kappa d\sin\theta)^2}{\kappa d\sin\theta} \tag{3-5}$$

式中，I_0 为入射光强度；θ 为相对入射方向的夹角；κ 为 $2\pi/\lambda$；J_l 为贝赛尔函数；d 为粒子半径。

公式（3-5）表明衍射现象及强度的变化依赖于颗粒的粒径、形状和光学特性。

三、实验设备与材料

实验原料：不同粒度的粉体材料。

实验仪器及设备：激光粒度仪、玛瑙研钵、球磨机、标准筛、振筛机、电子天平、烧杯等。图 3-2 为激光粒度仪的原理结构。

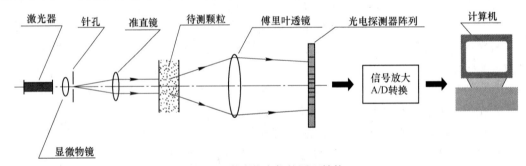

图 3-2　激光粒度仪的原理结构

四、实验内容与实验步骤

1. 筛分法

（1）粉磨原料的称量。利用电子秤准确称取 0~3mm 粒度的粉末物料 100g。

（2）筛子的组套。将标准筛按照 10 目、20 目、40 目、60 目、80 目、100 目、120 目、140 目、160 目、180 目、200 目、250 目、325 目和筛底依次从上至下组成一套筛分套筛。

（3）100g 粉末原料置于最顶层的 10 目筛面上，盖好端盖，紧固于振筛机上。

（4）开启振筛机进行筛分，15min 后关闭振筛机，停止筛分。

（5）取下套筛组，准确称量每个筛级的粉末量，并做好记录。

（6）计算所获得粉末总质量，若所获得粉末总质量与试样总质量之比大于98%，本次筛分检测完成。否则，应重复上述（1）~（5）步骤，直至合格为止。

2. 激光粒度仪法

（1）了解激光粒度仪的操作规程和工作原理。

（2）开机预热激光粒度仪。

（3）取少量的实验仪所制得的粉体投入激光粒度仪的试样池中分散。

（4）检测试样的粒度，并打印出数据。

（5）排出检测试样，清洗激光粒度仪试样池。

（6）关断电源。

五、数据整理

1. 筛分法

（1）数据整理。将筛分检测所得到各粒级的质量分别除以筛分后所获得粉末总质量，得到每个粒级的质量分数，将计算结果列成表。

（2）依据计算结果，分别绘制出原料粉末粒度的频率分布和累积分布直方图及分布曲线。

2. 激光粒度仪法

（1）数据整理。将激光粒度仪检测所得到粒度数据整理，计算出频率分布和累积分布，将计算结果列成表。

（2）绘制粉体粒度分布图和曲线。依据计算结果，分别绘制出行星式球磨机研磨后粉体粒度的频率分布和累积分布直方图及分布曲线。

六、实验中应注意的问题

1. 实验操作前，要认真学习电子秤的操作规程和使用方法，勿将物料直接置于秤盘上；应熟悉激光粒度仪的操作规程，严格按照规定的操作步骤进行，防止误操作，保证学生人身安全，保证精密仪器设备的完好。

2. 严格控制研磨介质填充率、准确量取研磨介质体积、控制研磨时间等操作参数，机器研磨加工期间必须有专人观察球磨机的工作状态，遇有异常情况须立即切断电源，排除故障，并准确记录停开机时间，以便保证研磨时间不变。

3. 筛分实验前，应熟悉振筛机的操作规程，严格按照规定的操作步骤进行，防止误操作，保证人身安全，保证机械设备的正常运转。

4. 筛分后各级粉末质量的称量要精心，避免物料的丢失。

5. 激光粒度仪检测过程中勿走动、依、靠检测设备和实验台，避免振动。

6. 实验结束后，将电子秤、振筛机、标准筛和实验操作台及其所用工具等打扫干净后，放回原处，摆放整齐。

7. 打扫实验室卫生，关闭总电源，离开实验室。

七、实验报告的撰写

1. 记录每一步骤的具体内容，包括电子秤、球磨机、标准筛、振筛机的型号、规格、激光粒度仪的型号、规格等，认真撰写实验报告。

2. 结合所学的理论知识，对实验结果进行理论分析，讨论该粉体的粒度大小和粒度分布特征。

3. 比较原料的筛分粒度、经过球磨机在不同研磨介质填充率下粉末后得到粉体的筛分粒度、激光粒度仪检测细磨后粉体的粒度变化，讨论球磨机制备粉体研磨介质填充率或加料量对研磨效果的影响。

4. 讨论同一种粉体不同检测方法所得到的结果如何？

5. 讨论筛分法和激光粒度仪法检测粉体粒度的适用性等。

实验三　材料的结晶与分离

一、实验目的

1. 了解各种结晶类型：冷却结晶、蒸发结晶、抗溶剂结晶；

2. 结晶因素的影响：温度、溶剂、溶质、结晶类型、搅拌；

3. 产率的计算：产率=实际得到的产物质量/理论计算的产物质量×100%；

4. 利用溶解差别，对混合物进行分离。

二、实验原理

1. 冷却结晶：通过降低温度的方法使溶质从溶液状以晶体的形式析出来。

2. 蒸发结晶：通过蒸发溶剂的方法使溶质从溶液状以晶体的形式析出来。

3. 抗溶剂结晶：通过添加抗溶剂的方法使溶质从溶液状以晶体的形式析出来。

4. 提纯原则：利用不同温度下混合组分中各组分在水中的溶解度不同。例如，当硝酸钾和氯化钾溶液混合时，在较高温度下，硝酸钾在水中的溶解度比氯化钠的要大得多，所以在冷却的过程中氯化钠首先析出，趁热过滤后滤液中含有硝酸钾。

三、实验设备与材料

1. 实验药品及试剂：硝酸钾、碳酸钠、氯化铵、氯化钠、碘化钾、去离子水、无水乙醇。

2. 需用到的装置、器皿与器件：水浴锅、温度计、酒精灯、石棉网、量筒、布氏漏斗、滤纸、干燥箱。

四、实验内容与实验步骤

1. 结晶类型——冷却结晶

（1）称量硝酸钾 12.0g 置于烧杯（试管中）。在室温下，将称量好的固体物质溶解于 20mL 的去离子水中搅拌溶解，然后再将以上盛有固溶物溶液的烧杯（试管）置于水浴锅中，升高水浴锅的温度至 50℃ 直至剩余的固体物质完全溶解。

（2）将以上完全溶解的溶液从水浴锅中取出，于室温环境中静置，记录温度随时间下降的关系，观察出现结晶的时间点和温度点。这个过程中，将烧杯从水浴锅中取出的时间点标记为0，随着时间推移，记录温度变化和结晶出现的时间点。

（3）当溶液温度降至25℃时，抽滤、干燥获得最终的固体物质，称重并计算最终的产物产率。

（4）重复以上步骤（1）和（2），但是采用搅拌棒进行搅拌，记录温度随时间变化曲线图，观测结晶点出现的时间点与温度点。

表3-1、表3-2分别为静置条件下和搅拌条件下时间与温度记录表。

表3-1 静置条件下时间与温度记录表

时间/min 温度/℃					

表3-2 搅拌条件下时间与温度记录表

时间/min 温度/℃					

2. 结晶类型——抗溶剂结晶

（1）分别称取6组相同质量的氯化铵固体3.0g并分别置于编号为1~6的试管中，再分别加入去离子水10mL，在30℃的水浴锅中保持数分钟，使其完全溶解。

（2）量取不同体积的乙醇（例如，1.0mL、2.0mL、3.0mL、5.0mL、8.0mL、10.0mL、15.0mL），并分别加入到不同编号的试管中，观测记录晶体析出时加入乙醇的体积。表3-3为加入溶剂与结晶点的记录表。

表3-3 加入溶剂与结晶点的记录表

试样编号 乙醇体积/mL	1	2	3	4	5	6

3. 结晶类型——蒸发结晶（选做）

（1）称取碳酸钠固体 8.0g 置于烧杯中，加入 20mL 水，置于 40℃ 水浴锅中使其完全溶解。

（2）然后将已溶解的溶液置于石棉网上，用酒精灯加热，使溶液沸腾蒸发。观察蒸发过程中，溶液体积变化与晶体出现的时间点的关系。

4. 冷却结晶分离氯化钠与硝酸钾的混合物（选做）

（1）氯化钠（3g）和氯化铵（10g）的混合物置于烧杯中，加入 20mL 去离子水，搅拌，将盛有溶液的烧杯放置在水浴锅中。然后升高水浴锅的温度，使烧杯中溶液的温度为 50℃，直至固体物质完全溶解。

（2）将烧杯取出，静置于室温环境中，记录温度变化与析出固体物质的时间以及现象。这个过程中，将烧杯从水浴锅中取出的时间点标记为 0，随着时间推移，记录温度变化和结晶出现的时间点。直到烧杯中的温度不再变化时，快速分离溶液与固体物质，将固体物质干燥，称重并记录所得固体的质量与产率。

（3）重复步骤（1），然后将烧杯取出，置于室温环境中，加上搅拌，记录温度变化与析出固体物质的时间以及现象。直到烧杯中的温度不再变化时，快速分离溶液与固体物质，将固体物质干燥，称重并记录所得固体的质量与产率。同样，将烧杯从水浴锅中取出的时间点标记为 0，随着时间推移，记录温度变化和结晶出现的时间点。

（4）将烧杯取出，静置于冰水中，记录温度变化与析出固体物质的时间以及现象。直到烧杯中的温度不再变化时，快速分离溶液与固体物质，将固体物质干燥，称重并记录所得固体的质量与产率。

五、实验数据处理

绘制时间–温度曲线与结晶点的出现示意图。

思考题

1. 抗溶剂结晶适用的条件？
2. 冷却结晶与蒸发结晶适用的条件？在蒸发结晶过程中，观测到的现象有哪些？出现这些现象的原因？
3. 利用冷却结晶提纯物质的适用条件？
4. 抗溶剂结晶是否可以用于晶体的分离提纯，适用条件如何？

实验四　材料固相反应实验

一、实验目的

1. 探讨 Na_2CO_3-SiO_2 系统的固相反应动力学关系；
2. 掌握用热重分析仪研究固相反应的方法；
3. 验证固相反应的动力学规律——金斯特林格方程。

二、实验原理

热重分析（TG）是通过测量物质质量随温度或时间的变化来揭示固体物系反应的机理或反应动力学规律。

固体物质中的质点，在高于绝对零度的温度下总是在其平衡位置附近作谐振动。温度升高时，振幅增大。当温度足够高时，晶格中的质点就会脱离晶格平衡位置，与周围其他质点产生换位作用，在单元系统中表现为烧结的开始，在二元或多元系统则可能有新的化合物出现。这种没有液相或气相参与，由固体物质之间直接作用所发生的反应称为纯固相反应。实际生产过程中所发生的固相反应，往往有液相或气相参与，称为广义固相反应，即由固体反应物出发，在高温下经过一系列物理化学变化而生成固体产物的过程。

固相反应属于非均相反应，要描述其动力学规律的方程，通常采用转化率 G（参与反应的一种反应物，在反应过程中被反应了的体积分数）与反应时间 t 之间的关系来表示。要测定固相反应速率问题，实际上就是测量反应过程中各反应阶段的反应物转化率的问题，我们可以通过 TG 法来实现。

本实验主要通过 TG 法来研究 Na_2CO_3-SiO_2 系统的固相反应过程，并对其固相反应的动力学规律进行验证。

Na_2CO_3-SiO_2 系统在高温下的固相反应按下式进行：

$$Na_2CO_3 + SiO_2 \longrightarrow Na_2SiO_3 + CO_2 \uparrow \tag{3-6}$$

恒温条件下，通过测得反应进行中不同时间 t 时，失去 CO_2 的质量，即可计算出相应时间内，反应物 Na_2CO_3 的质量变化，进而计算出其对应的转化率 G。按照固相反应的动力学关系可求得 Na_2CO_3-SiO_2 系统固相反应的速率常数，并可验证金斯特林格方程：$1-\dfrac{2}{3}G-(1-G)^{\frac{2}{3}}=kt$ 的正确性。

三、实验仪器与材料

1. 仪器：热重分析仪。
2. 实验材料：铂金坩埚，Na_2CO_3 A. R 级，SiO_2 A. R 级。

四、实验内容与实验步骤

1. 将 Na_2CO_3 和 SiO_2 分别在玛瑙研钵中研细，过 250 目筛。

2. 过筛的 SiO_2 加热至 800℃，保温 5h。过筛的 Na_2CO_3 加热至 400℃，保温 5h。

3. 把处理好的原料按 Na_2CO_3：SiO_2 = 1：2 摩尔比配料，混合均匀，烘干，放入干燥器内备用。

4. 称取约坩埚 $\dfrac{1}{3}$ 左右的混合物置于铂金坩埚内。

5. 将坩埚放入炉内，在 N_2 等惰性气氛下，升温速率为 20℃/min，温度升至 720℃时，保温 2h。

五、实验数据记录与处理

1. 金斯特林格方程为：

$$1 - \frac{2}{3}G - (1-G)^{\frac{2}{3}} = kt \tag{3-7}$$

式中，G 为转化率；t 为反应时间；k 为反应速率常数。

由上式可知，在一定的反应温度下，$1 - \frac{2}{3}G - (1-G)^{\frac{2}{3}}$ 与时间 t 成正比，直线的斜率即为金斯特林格方程的反应速率常数 k。

2. 在反应温度 700℃，保温的 2h 内，每 5min 记录热重分析仪的质量损失（即是 CO_2 的损失），填入表 3-4 中。

表 3-4　Na_2CO_3-SiO_2 随不同反应时间的质量损失

反应时间 t/min	质量累计损失 W_1/g	Na_2CO_3 反应量 W_2/g	Na_2CO_3 的转化率 G	$1 - \frac{2}{3}G - (1-G)^{\frac{2}{3}}$
t_1				
t_2				
t_3				
t_4				
⋮				
t_n				

3. 由上述计算结果，做出 $1 - \frac{2}{3}G - (1-G)^{\frac{2}{3}}$ 与时间 t 的曲线，求 720℃ 温度条件下的反应速率常数 k。

思考题

1. 影响本实验准确性的因素可能有哪些？
2. 温度对固相反应速率有何影响？

实验五　共沉淀法制备四氧化三铁颗粒

一、实验目的

1. 了解用共沉淀法制备纳米四氧化三铁粒子的原理和方法；
2. 了解纳米四氧化三铁粒子的超顺磁性性质；
3. 掌握无机制备中的部分操作。

二、实验原理

Fe_3O_4 纳米粒子的制备方法有很多，大体分为两类：一是物理方法，如高能机械球磨法；二是化学方法，如化学共沉淀法、溶胶-凝胶法、水热合成法、热分解法及微乳液法等。但各种方法各有利弊；物理方法无法进一步获得超细而且粒径分布窄的磁粉，并且还会带来研磨介质的污染问题；溶胶–凝胶法、热分解法多采用有机物为原料，成本较高，且有毒害作用；水热合成法虽容易获得纯相的纳米粉体，但是反应过程中温度的高低，升温速度，搅拌速度以及反应时间的长短等因素均会对粒径大小和粉末的磁性能产生影响。

本实验是采用共沉淀法（将沉淀剂加入 Fe^{2+} 和 Fe^{3+} 混合溶液中）制备纳米 Fe_3O_4 颗粒。该制备方法不仅原料易得且价格低廉，设备要求简单，反应条件温和（在常温常压下以水为溶剂）等优点。

采用化学共沉淀法制备纳米磁性四氧化三铁是将二价铁盐和三价铁盐溶液按一定比例混合，将碱性沉淀剂加入至上述铁盐混合溶液中，搅拌、反应一段时间即可得纳米磁性 Fe_3O_4 粒子，其反应式如下：

$$Fe^{2+} + 2Fe^{3+} + 8OH^- \longrightarrow Fe_3O_4 + 4H_2O \qquad (3-8)$$

三、实验仪器与材料

试剂：烧杯、氯化亚铁（四水）、氯化铁（六水）、氢氧化钠、柠檬酸三钠。

四、实验内容与实验步骤

1. 配置 50mL 1mol 的 NaOH 溶液。（2g NaOH+50g H_2O）

2. 称取 0.9925g $FeCl_3$ 和 1.194g $FeCl_2 \cdot 4H_2O$（反应当量比为 1∶1）溶于 30mL 的蒸馏水中。

3. 将反应溶液加热至 60℃，恒温下磁力搅拌（转速约为 1000r/min）。

4. 30min 后缓慢滴加配制的 NaOH 溶液，待溶液完全变黑后，仍继续滴加 NaOH 溶液直至 pH 值约为 11。

5. 加入 0.25g 柠檬酸三钠。

6. 并升温至 80℃恒温搅拌 1h；然后冷却至室温。

7. 借助磁铁的情况下，倾去上清液。

8. 用少量蒸馏水和乙醇反复洗涤 2 次，以洗去粒子表面未反应的杂质离子。

9. 最后将制备的磁性纳米颗粒分散到水溶液中，用磁铁吸附分离，观察纳米颗粒的磁性分离情况。

五、注意事项

1. 准确称量样品；

2. 严格按照实验流程操作；

3. 氢氧化钠具有腐蚀性，实验中注意安全。

思考题

1. 为什么 Fe^{2+} 和 Fe^{3+} 的反应当量比是 1∶1，而不是反应式中的 1∶2？

2. 反应中加入柠檬酸三钠起到什么作用？

实验六　水热法制备功能纳米材料

一、实验目的

1. 了解水热法的基本原理及其在纳米材料制备中的应用；
2. 培养科学兴趣和科技创新能力；
3. 增进对纳米科技的了解和兴趣。

二、实验原理

水热法是 19 世纪中叶地质学家模拟自然界成矿作用而开始研究的。1900 年后科学家们建立了水热合成理论，以后又开始转向功能材料的研究。目前用水热法已制备出百余种晶体。水热法又称热液法，属液相化学法的范畴。水热法是指在密封的压力容器中，以水为溶剂，在高温高压的条件下进行的化学反应。通常反应温度范围为 100~400℃，压力从大于 0.1MPa 直至几十几百兆帕。即提供一个在常压条件下无法得到的特殊的物理化学环境，使前驱物在反应系统中得到充分的溶解，形成原子或分子生长基元，从而成核结晶。水热法制备出的纳米晶，晶粒发育完整、粒度分布均匀、颗粒之间团聚少，原料较便宜，可以得到理想的化学计量组成材料，颗粒度可以控制，生产成本低。

三、实验试剂与仪器

1. 试剂与耗材：硫酸氧钛、尿素、氢氧化锂、去离子水。
2. 实验仪器：水热釜、烘箱、搅拌器、磁子、烧杯、天平。

四、实验过程

1. 6.26g 硫酸氧钛与 80mL 蒸馏水混合、搅拌，直至溶液变得比较澄清，然后用滤纸过滤，得到硫酸氧钛水溶液。
2. 将 0.1g 尿素和 0.336g 氢氧化锂溶于 20mL 蒸馏水中配成溶液。
3. 取 5mL 第一步得到的硫酸氧钛水溶液放置于 50mL 的小烧杯，加入 15mL 的蒸馏水，然后在搅拌条件下，缓慢加入 20mL 第二步得到的尿素和氢氧化锂的水溶液，得到白色的沉淀。
4. 将上述产物溶液转移到 55mL 的水热釜中，拧紧水热釜，并将其放置于 150℃的烘箱中，保温 2h。
5. 待水热釜冷却至室温，打开水热釜，将产物取出，并用蒸馏水洗至中性，得到质子钛酸盐钛纳米片。

五、注意事项

1. 注意水和其他有机溶剂的填充量不能超过 80%，实验前先检查反应釜的密封性以及烘箱的温度控制系统。
2. 氢氧化锂有腐蚀性，实验请注意安全。

3. 反应釜一定要降到室温才能打开。

思考题

1. 水热法制备 TiO_2 纳米材料的影响因素有哪些？

2. 水热法制备 TiO_2 纳米材料的应用范围有哪些？

实验七　溶胶-凝胶法制备电致变色薄膜

一、实验目的

1. 了解薄膜电致变色的原理；

2. 掌握溶胶凝胶-旋涂法的薄膜制备方法；

3. 研究制备工艺对溶胶凝胶-旋涂法制备薄膜性能的影响。

二、实验原理

电致变色（Electrochromism，EC）是材料在外电场作用下自身颜色发生可逆变化的现象，研究发现许多过渡族金属氧化物具有电致变色特性，这些金属氧化物按着色方式可分为还原过程阴极着色材料（如 W、Mo、V、Nb 和 Ti 的氧化物）和氧化过程阳极着色材料（如 Ir、Rh、Ni 和 Co 等氧化物）。其中，WO_3 是研究得最多的一种阴极着色电致变色材料。

电致变色材料要求具有良好的离子和电子导电性、较高的对比度、变色效率、循环周期、写/擦效率等电致变色性能。按其结构和电化学变色性能可以分为两类：一类是无机电致变色材料，其光吸收变化是因离子和电子的双注入/抽取引起，其性能优越稳定；另一类是有机电致变色材料，其光吸收变化来自氧化还原反应，因色彩丰富，易进行分子设计而受到青睐。

关于 WO_3 薄膜的电致变色机理，目前引用最广泛的就是 Faughnan 提出的价间跃迁理论，即因外加电场的作用，电子和阳离子矿分别从薄膜两侧同时注入 WO_3 中，电子被 W 原子俘获形成局域态，金属离子 M^+ 则驻留在此区域形成深蓝色钨青铜化合物 M_xWO_3。在 M_xWO_3 中存在不同价态的 W 离子，电子在邻近不同价态 W 原子之间的跃迁导致 WO_3 薄膜颜色发生变化。其电化学过程如下式所示：

$$WO_3(无色) + xM + xe^- \longrightarrow M_xWO_3(深蓝色) \qquad (3-9)$$

式中，M 一般为 H、Li、Na、Ag 等，$0<x<1$，例如 H 注入后形成 H_xWO_3。

利用 WO_3 的电致变色效应，研究人员已将其制备成各种电致变色器件应用于实际生活中。电致变色器件具有许多优良特性，如透光率可在较大范围内连续变化（实用化需达到 4∶1 以上），并可由人工随意调节；驱动电压低（1~2V），且电源简单，耗电省；在显示上无视角限制，有存储功能且存储时不消耗电能等。这些特性使得三氧化钨电致变色材料在光学信息和储存显示器、军事伪装、特种智能窗等方面有着广泛的应用前景。另外，在外加脉冲电压作用下，WO_3 可以在无色和深蓝色之间可逆变化，因而也可用作光致开关。

三、实验药品及仪器

1. 试剂与耗材：氯化钨（WCl_6），环己烷（C_6H_{14}），浓硫酸，无水乙醇，去离子水，干电池。
2. 仪器设备：旋涂机，量筒，烧杯，导电玻璃，磁力搅拌器，马弗炉，加热台。

四、实验步骤

1. 首先在称量瓶中加入 2mL 的 C_6H_{14}，再将 0.5g 的 WCl_6 与 5mL 的 EtOH 依次加入到 2mL 的 C_6H_{14} 中。
2. 将称量瓶置于可加热的磁力搅拌器上缓慢搅拌，当溶质基本上完全溶解后，将磁力搅拌器加热至 70℃ 加速搅拌 60min，将正己烷挥发完毕，此时可得到深蓝色的透明溶胶。
3. 使用旋涂机在透明导电玻璃上旋涂制膜，转速一：600r/min；转速二：2000r/min。
4. 每旋涂一次后，将玻璃取下放置到加热台上加热干燥 10min，重复 6 次，得到目标厚度的薄膜。
5. 将薄膜放入马弗炉中，300℃ 处理 40min。
6. 电致变色现象观测。

五、实验现象观察与记录

观察记录溶解、搅拌过程中的实验现象，对得到的样品性状特征进行描述。在暗室中，通过紫外灯照射合成样品，初步观察样品的发光亮度和发光颜色，对不同实验条件下合成样品的发光情况进行相互对比，来观察不同的实验条件对合成样品发光情况的影响。

六、注意事项

1. 准确称量样品；
2. 严格按照实验流程操作；
3. 注意安全。

思考题

将已学知识与其他资料相结合，简述材料的电致变色与光致变色的差别。

实验八　燃烧法制备红色发光材料

一、实验目的

1. 掌握燃烧法的实验原理和材料的基本测试方法；

2. 掌握燃烧法合成 Li_2CaSiO_4：Eu^{3+} 粉体的制备过程；

3. 研究 Eu^{3+} 浓度变化对荧光粉发光性能的影响。

二、实验原理

燃烧法是指通过前驱物的燃烧合成材料的一种方法。当反应物达到放热反应的点火温度时，以某种方法点燃，随后的反应即由放出的热量维持，燃烧产物就是拟制备的目标产物。其基本原理是将反应原料制成相应的硝酸盐，加入作为燃料的尿素（还原剂），在一定的温度下加热一定时间，经剧烈的氧化还原反应，逸出大量的气体，进而燃烧得到产物。

$$nSi(O_2C_2H_5)_4 + nH_2O === nSi(OH)_4 + 4nC_2H_5OH \qquad (3\text{-}10)$$

$$6LiNO_3 + 3Ca(NO_3)_2 + 3Si(OH)_4 + 12CO(NH_2)_2 === 3Li_2CaSiO_4 + 12CO_2 + 4NH_3 + 24H_2O + 16N_2$$
$$(3\text{-}11)$$

用燃烧法合成发光材料具有相当的适用性，燃烧过程产生的气体还可充当还原保护气氛，并具备不需要复杂的外部加热设备、工艺过程简便、反应迅速、产品纯度高、发光亮度不易受损、节省能源等优点，是一种很有意义的高效节能合成方法。

三、实验药品及仪器

1. 药品：三氧化二铕（Eu_2O_3），硝酸钙（$Ca(NO_3)_2 \cdot 4H_2O$），尿素，正硅酸乙酯（$Si(OC_2H_5)_4$），硝酸锂（$LiNO_3$），浓硝酸，去离子水。

2. 仪器：电子天平，量筒，烧杯，移液管，磁力搅拌器，恒温干燥箱，刚玉坩埚，马弗炉，X 射线粉晶衍射仪（XRD），荧光光谱仪（FL）。

四、实验步骤

1. 用量筒量取一定量的正硅酸乙酯溶液缓慢滴加到适量的乙醇和水混合溶液中，并添加少量 HNO_3 作为催化剂，置于磁力搅拌器上常温搅拌 0.5h，得到正硅酸乙酯的水解溶液 A。

2. 按 $Li_2Ca_{1-x}SiO_4$：xEu^{3+}（$x = 0.05$，0.07，0.9，0.11）化学计量比，精确称取各原料。

3. 将称取的 Eu_2O_3 溶解于浓 HNO_3（需要用电炉加热）得到溶液 B，将事先称好的 $Ca(NO_3)_2 \cdot 4H_2O$、$LiNO_3$ 溶于适量水，配成溶液 C。

4. 将溶液 B、C 加入到溶液 A 中，再加入称量好的尿素，在 75℃ 继续加热搅拌 0.5h 左右，得无色凝胶。

5. 将上述溶胶快速转移到刚玉坩埚中，置于马弗炉中，于 700℃ 恒温焙烧 1h 后取出白色粉末样品。

6. 采用 XRD、FL 等测试方法对样品进行测试分析。（选做）

本实验的流程简图如图 3-3 所示。

五、注意事项

1. 准确称量样品。

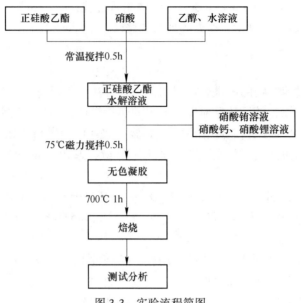

图 3-3　实验流程简图

2. 严格按照实验流程操作。

3. 注意安全。

4. 按 $Li_2Ca_{1-x}SiO_4 : xEu^{3+}$（$x = 0.03$，$0.04$，$0.05$，$0.06$）配比，以 Eu^{3+} 浓度为变量设计实验，实验共计 4 组，各实验药品质量/体积如表 3-5 所示。

表 3-5　实验药品质量/体积

药品名称	实验编号	质量/体积
硝酸锂	1、2、3、4	1.379g
正硅酸乙酯	1、2、3、4	2.33mL
尿素	1、2、3、4	2.4g
乙醇	1、2、3、4	4mL
硝酸	1、2、3、4	2 滴/1mL
水	1、2、3、4	2mL/5mL
硝酸钙	1	2.2910g
	2	2.2670g
	3	2.2434g
	4	2.2198g
氧化铕	1	0.0528g
	2	0.0704g
	3	0.0880g
	4	0.1056g

六、实验现象观察与记录

观察记录溶解、搅拌过程中的实验现象，对得到的样品性状特征进行描述。在暗室中，通过紫外灯照射合成样品，初步观察样品的发光亮度和发光颜色，对不同实验条件下合成样品的发光情况进行相互对比，来观察不同的实验条件对合成样品发光情况的影响。

思考题

将已学知识与其他资料相结合，简述发光材料的发光机理和影响发光强度的因素。

第四章　材料性能学基础实验

实验一　固液接触角的测量

一、实验目的

1. 了解固体表面的润湿过程与接触角的含义与应用；
2. 了解接触角的常用测量方法，掌握该实验中用到的圆拟合法与量角法的原理；
3. 掌握科诺 SL150 接触角测量仪的使用方法；
4. 分析实验数据误差的来源与影响接触角的因素。

二、实验原理

润湿是自然界和生产过程中常见的现象。通常将固–气界面被固–液界面所取代的过程称为润湿。将液体滴在固体表面上，由于性质不同，有的会铺展开来，有的则黏附在表面上成为平凸透镜状，这种现象称为润湿作用。前者称为铺展润湿，后者称为黏附润湿。如水滴在干净玻璃板上可以产生铺展润湿。如果液体不黏附而保持椭球状，则称为不润湿。如汞滴到玻璃板上或水滴到防水布上的情况。此外，如果能被液体润湿的固体完全浸入液体之中，则称为浸湿。上述各种类型示于图 4-1。

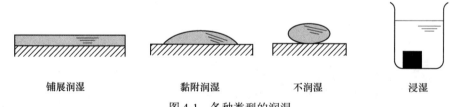

铺展润湿　　　　黏附润湿　　　　不润湿　　　　浸湿

图 4-1　各种类型的润湿

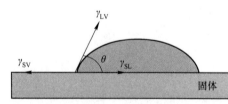

图 4-2　固液界面接触角示意图

当液体与固体接触后，体系的自由能降低。因此，液体在固体上润湿程度的大小可用这一过程自由能降低的多少来衡量。在恒温恒压下，当一液滴放置在固体平面上时，液滴能自动地在固体表面铺展开来，或以与固体表面成一定接触角的液滴存在，如图 4-2 所示。

假定不同的界面间力可用作用在界面方向的界面张力来表示，则当液滴在固体平面上处于平衡位置时，这些界面张力在水平方向上的分力之和应等于零。这个平衡关系就是著名的 Young 方程，即：

$$\gamma_{SV} - \gamma_{SL} = \gamma_{LV}\cos\theta \tag{4-1}$$

式中，γ_{SV}、γ_{LV}、γ_{SL} 分别为固-气、液-气和固-液界面张力；θ 为在固、气、液三相交界处，自固体界面经液体内部到气液界面的夹角，称为接触角，在 0°~180° 之间。接触角是反应物质与液体润湿性关系的重要尺度。

接触角是表征液体在固体表面润湿性的重要参数之一，由它可了解液体在一定固体表面的润湿程度。接触角测定在防腐、减阻、矿物浮选、注水采油、洗涤、印染、焊接等方面有广泛的应用。

决定和影响润湿作用和接触角的因素很多，如固体和液体的性质及杂质、添加物的影响，固体表面的粗糙程度、不均匀性的影响，表面污染等。原则上说，极性固体易被极性液体所润湿，而非极性固体易被非极性液体所润湿。玻璃是一种极性固体，故易被水所润湿。对于一定的固体表面，在液相中加入表面活性物质常可改善润湿性质，并且随着液体和固体表面接触时间的延长，接触角有逐渐变小趋于定值的趋势，这是由于表面活性物质在各界面上吸附的结果。

接触角测量方法可以按不同的标准进行分类。按照直接测量物理量的不同，可分为量角法、测力法、长度法和透过法。按照测量时三相接触线的移动速率，可分为静态接触角、动态接触角（又分前进接触角和后退接触角）和低速动态接触角。按照测试原理又可分为静止或固定液滴法、Wilhemly 板法、捕获气泡法、毛细管上升法和斜板法。

量高法的测量原理：当 1 滴液体的体积小于 6μL 时，可忽略地球引力对其形状的影响，认为液滴呈标准圆的一部分。只要测量液滴在固体表面上的高度 h 以及与固体接触面的直径 $2r$，就可用式（4-1）计算出接触角。

$$\theta = 2\arctan\frac{h}{r} \tag{4-2}$$

量角法的测量原理：将等腰直角量角器的 a、b 两边下移，直到角量角器的 a、b 两边分别和液滴相切；然后继续垂直下移等腰量角器，直到量角器的顶点和液滴边缘相交于点 C，从而确定液滴的最高点 C 的坐标；最后绕着 C 点逆时针转动，转动 δ 角度，直到 a 边和液滴-气体-材料三相交点 A 相交时，如图 4-3 所示，即可求出 θ。

$\theta=2\beta$，又因为 $\beta=\delta+45°$，所以有 $\theta=90°+2\delta$，只要知道量角器 AC 边转过的角度，就可以计算出接触角 θ。当接触角 $\theta>90°$ 时，量角器的 AC 边逆时针旋转，δ 取正值，当接触角 $\theta<90°$ 时，量角器的 AC 边顺时针旋转，δ 取负值。

圆拟合法测量原理：认为液滴在固体表面呈标准圆的一部分。因此通过选点生成虚拟的圆形轮廓，然后通过改变圆形轮廓的大小使其与液滴完全重合，再通过其圆心位置计算出左边或右边的接触角，如图 4-4 所示。

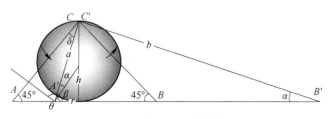

图 4-3　量角法测接触角

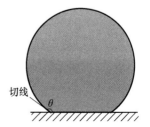

图 4-4　圆拟合法测量接触角

本实验使用科诺 SL150 设备和 JC2000C1 接触角测量软件就可采取圆拟合法、量高法和量角法这两种方法进行接触角的测定。

三、实验设备和材料

1. 科诺 SL150 接触角测量仪；

2. 玻璃表面，导电玻璃表面，铜片表面，铝箔表面，聚四氟乙烯表面，超疏水改性玻璃表面。

四、实验内容及步骤

每个表面选取 3 个不同位置测量，每个位置测量 1 次，每次测量用圆拟合法和量角法获得接触角数据。

1. 测试前，需要按图 4-5 熟悉仪器的各个部件，并拧开镜头盖，放在仪器底板上。

2. 测试前，将接触角测定仪的三个平面调整好水平位置。具体为：

（1）将水泡放于接触角测定仪的底座上，通过调整接触角测定仪主机四个垫脚的螺丝，使水泡处于中间位置，校正仪器主机水平。

（2）将水泡放于样品台上，通过调整样品台下面的二维校正螺丝，使水泡处于中间位置。

（3）方法同上，校正镜头水平。

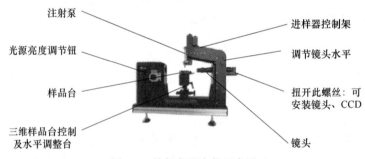

图 4-5　接触角测定仪示意图

3. 进样针吸入液体（去离子水或乙醇），且内无气泡，固定在仪器上。

4. 插入程序专用 U 盘，双击电脑桌面上的"cast"图标，打开操作软件，调整 LED 背景光至合适亮度。

5. 命名该次测试，选择注射器中选用的介质，选择"停滴法"，勾选初次暂停。

6. 旋转进样旋钮，挤出 3μL 液体，移动注射器使得液体与待测样品表面接触，然后升起注射器。

7. 移动基准线至样品与液滴的界面处，点击"测试-单次"，然后点击停止测试。

8. 点击"测试数据库"，进入相应名字的数据，选择相应的数据标定方法对测试数据进行标定。

9. 点击"报告"，选择刚才保存的报告，点击"详细报告"，点击"导出"，保存数据。

10. 关闭软件，将 LED 光源缓慢关闭，关闭接触测试仪与电脑，小心将镜头盖拧上。

11. 量角法。点击量角法按钮，进入量角法主界面，按开始键，打开之前保存的图像。这时图像上出现一个由两直线交叉 45°组成的测量尺，利用键盘上的 Z、X、Q、A 键即左、右、上、下键调节测量尺的位置：首先使测量尺与液滴边缘相切，然后下移测量尺使交叉点到液滴顶端，再利用键盘上 "<" 和 ">" 键即左旋和右旋键旋转测量尺，使其与液滴左端相交，即得到接触角的数值。

五、实验报告要求

1. 列表归纳总结接触角测量数据；
2. 分析指出不同位置和不同测量方法所得接触角不同的原因。

思考题

查阅资料并回答引起固液界面接触角变化的原因有哪些？

实验二　四探针测量薄膜材料的电阻率

一、实验目的

1. 了解四探针法测量薄膜电阻率的原理和特点；
2. 掌握四探针测试仪测量半导体材料的电阻率。

二、实验原理

在具有一定电阻率 ρ 的导体表面上，四根金属探针在任意点 1、2、3、4 处与导体良好地接触，如图 4-6 所示。其触点是足够的小，可以近似认为点接触。取其中的任意两个探针作为电极，如 1 和 4。当它们之间有电流通过时，薄膜表面和内部有不均匀的电流场分布，因此在薄膜表面上各点有不同的电势。通过测量探针 1、2 间的电流、探针 2、3 间的电势差和距离，就可计算该薄膜的电阻率 ρ。

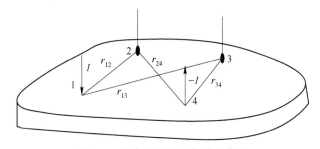

图 4-6　任意间距的四探针示意图

如图 4-7 所示，设电流 I 从探针 1 处流入，在触点附近，半径为 r 的球面上，电流密度为：

$$j = \frac{I}{2\pi r^2} \tag{4-3}$$

如果金属的表面和厚度远大于探针之间的距离，则电场强度为：

$$E = \frac{j}{\sigma} = \rho j = \frac{\rho I}{2\pi r^2} \tag{4-4}$$

设探针 1 和 2、1 和 3、4 和 2、4 和 3 之间的距离分别为 r_{12}、r_{13}、r_{24} 和 r_{34}。

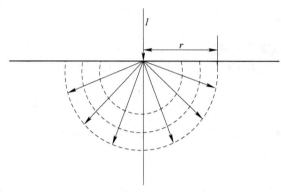

图 4-7　电势分布图

电流在 1 点流入时，在 2 点处产生的电势为：

$$V_{12} = \int_{r_{12}}^{\infty} E \mathrm{d}r = \int_{r_{12}}^{\infty} \frac{\rho I}{2\pi} \frac{1}{r^2} \mathrm{d}r = \frac{\rho I}{2\pi} \frac{1}{r_{12}} \tag{4-5}$$

在 3 点处产生的电势为：

$$V_{13} = \frac{\rho I}{2\pi} \frac{1}{r_{13}} \tag{4-6}$$

电流在 4 点流出时，在 2 和 3 点处产生的电势分别为：

$$V_{42} = \int_{r_{24}}^{\infty} E \mathrm{d}r = \int_{r_{24}}^{\infty} \frac{\rho(-I)}{2\pi} \frac{1}{r^2} \mathrm{d}r = -\frac{\rho I}{2\pi} \frac{1}{r_{24}} \tag{4-7}$$

$$V_{43} = -\frac{\rho I}{2\pi} \frac{1}{r_{34}} \tag{4-8}$$

则在 2 点和 3 点处产生的总电势为：

$$V_2 = \frac{\rho I}{2\pi} \left(\frac{1}{r_{12}} - \frac{1}{r_{24}} \right) \tag{4-9}$$

$$V_3 = \frac{\rho I}{2\pi} \left(\frac{1}{r_{13}} - \frac{1}{r_{34}} \right) \tag{4-10}$$

由此，表面上，点 2 和点 3 处的电势差为：

$$V = V_2 - V_3 = \frac{\rho I}{2\pi} \left(\frac{1}{r_{12}} - \frac{1}{r_{13}} - \frac{1}{r_{24}} + \frac{1}{r_{34}} \right) \tag{4-11}$$

或

$$\rho = 2\pi \frac{V}{I} \frac{1}{\dfrac{1}{r_{12}} - \dfrac{1}{r_{13}} - \dfrac{1}{r_{24}} + \dfrac{1}{r_{34}}} \tag{4-12}$$

式中，ρ 为大块导体的电阻率，即半无穷大导体的体电阻率，将其改记为 ρ_B。

如果导体表面与厚度相对于探针间距可比拟甚至更小（如薄膜）时，即有尺寸效应出现，记这时的电阻率为 ρ_F，式（4-5）需作修正。

$$\rho_F = 2\pi \frac{V}{I} \frac{1}{\dfrac{1}{r_{12}} - \dfrac{1}{r_{13}} - \dfrac{1}{r_{24}} + \dfrac{1}{r_{34}}} G\left(\frac{d}{S}\right) F(\xi) = \rho_B G\left(\frac{d}{S}\right) F(\xi) \tag{4-13}$$

式中，d 为样品导体厚度；S 为探针距离；$G(d/S)$ 为样品厚度修正函数；$F(\xi)$ 为样品形状和测量位置的修正函数。

图 4-8 为本实验采用的探针设置。4 个探针处在同一直线上，两两之间距离 S 相等，为 3mm。外侧的两个探针通以恒稳电流，中间的两个探针连接高精度数字电压表。考虑到尺寸效应，电阻率表达式为：

$$\rho_F = 2\pi \frac{V}{I} \frac{1}{\dfrac{1}{d} - \dfrac{1}{2d} - \dfrac{1}{2d} + \dfrac{1}{d}} G\left(\frac{d}{S}\right) F(\xi) = 2\pi d \frac{V}{I} G\left(\frac{d}{S}\right) F(\xi) \tag{4-14}$$

对于半无穷超导体或半导体，上式可表示为：

$$\rho_F = \frac{\pi}{\ln 2} \times \frac{V}{I} \times d \tag{4-15}$$

此式为本实验采用电阻率的计算公式。

式（4-15）中，d 为薄膜的膜厚；I 为流经薄膜的电流，即图 4-8 中所示恒流源提供的电流；V 为电流流经薄膜时中间两探针上产生的电压，即图 4-8 中所示电压表的读数。在这里说明，式（4-15）是金属薄膜电阻率的计算公式，并不能用于金属薄膜电阻率微观机理的解释。

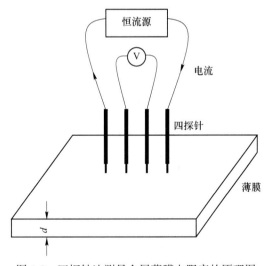

图 4-8 四探针法测量金属薄膜电阻率的原理图

三、实验设备和材料

1. RTS-8 四探针测试仪；

2. 铜箔、铝箔、不同电阻率硅片和透明导电玻璃。

四、实验内容及步骤

1. 打开 RTS-8 四探针测试仪开关，使仪器预热 15min；
2. 使用无水乙醇擦拭样品待测表面；
3. 根据公式计算测试电流；
4. 把样品放在样品台上，使导电面向上。让四探针的针尖轻轻接触到薄膜表面，然后拧动四探针架上的螺丝把四探针架固定在样品台上，使四探针的所有针尖同金薄膜或银薄膜有良好的接触。注意：（1）不要让四探针在样品表面滑动，以免探针的针尖划伤薄膜；（2）在拧动四探针架上的螺丝时，不要拧得过紧，以免四探针的针尖严重划伤薄膜，只要四探针的所有针尖同薄膜有良好的接触即可。
5. 调整四探针测试仪中的电流档位，适当选择"量程选择"的按键以及适当调节"电流调节"的"粗调"和"细调"旋钮，从而测量九个电流值所对应的电压值。切换"量程选择"的按键时，应该先将电流降为零。在某一电流值下，测量电压时，应分别测量正反向电压（通过按下"正向""反向"按键来实现），再取其大小的平均值。注意：在选择电流值时，电压值的大小在 $0.01 \sim 0.1$ mV 之间为合适；最大的电流值对应的电压值不能超过 5mV，以免流过薄膜的电流太大导致样品发热，从而影响测量的准确性。
6. 输入计算得到的电流值，进行样品测试。每个样品测量不同的三个位置，得到样品的电阻率和方块电阻值。

五、实验报告要求

1. 归纳硅片、铜箔、铝箔以及透明导电玻璃不同位置的设置电流值以及相应测量的方块电阻和电阻率值；
2. 根据表面电阻测试结果计算透明导电玻璃的电阻率。

思考题

对比两探针法说明四探针的原理及优点。

实验三　循环伏安曲线的测定及应用

一、实验目的

1. 掌握循环伏安法的实验原理、实验参数的确定、实验数据的处理及分析；
2. 掌握应用循环伏安法判断电极反应可逆性的方法；
3. 了解扫描速度和电解液浓度对循环伏安曲线的影响。

二、实验原理

循环伏安法是非常重要的电化学测试方法之一，在电化学、无机化学、生物化学等研究领域得到了广泛应用。

CV 技术是对所研究的电极相对于参比电极施加对称的三角波电信号，使其电极电位以不同的速率随时间一次或多次反复扫描，记录研究电极上得到的电流与施加电位的关系曲线，即循环伏安图，如图 4-9 所示。图 4-9 表明：在三角波扫描的前半部，记录峰形的阴极波，后半部记录的是峰形的阳极波。一次三角波电位扫描，电极上完成一个还原–氧化循环。根据伏安图的波形、氧化还原峰电流的数值及比值、峰电位等可以判断电极反应机理、电极反应的可逆程度、中间体、相界吸附或新相形成的可能性，以及偶联化学反应的性质等。常用来测量电极反应参数，判断其控制步骤和反应机理，并观察整个电势扫描范围内可发生哪些反应及其性质如何。对于一个新的电化学体系，首选的研究方法往往就是循环伏安法，可称之为"电化学的谱图"。循环伏安法也可以进行多达 100 圈以上的反复多圈电位扫描。多圈电位扫描的循环伏安实验常可用于电化学合成导电高分子。

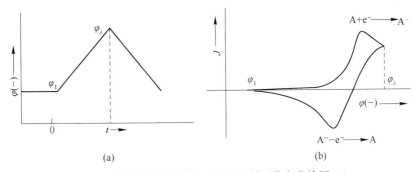

图 4-9 循环伏安电位波形图(a)和循环伏安曲线图(b)

一般在测定时，由于溶液中被测样品浓度都非常低，为维持一定的电流，常在溶液中加入一定浓度的惰性电解质如 KCl、KNO_3、$NaClO_4$ 等。

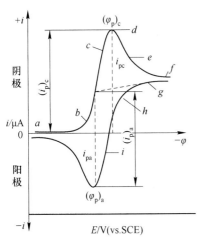

图 4-10 $K_3Fe(CN)_6$ 在 Pt 工作电极上的循环伏安曲线

典型的循环伏安图如图 4-10 所示。图 4-10 是在 $0.4mol/L$ KNO_3 电解液中，$5.0 \times 10^4 mol/L$ 的 $K_3Fe(CN)_6$ 在 Pt 工作电极上反应得到的结果。

从图 4-10 可见，起始电位 E_i 为 $+0.5V$（a 点），电位比较正的目的是避免电极接通后 $K_3Fe(CN)_6$ 发生反应。然后向负方向扫描，当电位至于 $Fe(CN)_6^{3-}$ 可还原电位时，将产生阴极电流（b 点）。其电极反应为：$Fe(CN)_6^{3-} + e = Fe(CN)_6^{4-}$。随着电位的变负，阴极电流迅速增加（$bcd$ 点），直至电极表面的 $Fe(CN)_6^{3-}$ 浓度趋近于零，电流在 d 点达到最高峰。然后迅速衰减（def），这是因为电极表面的 $Fe(CN)_6^{3-}$ 几乎全部因电解转变为 $Fe(CN)_6^{4-}$ 而耗尽，即所谓的贫乏效应。当电压扫描至 $-0.10V$（g 点）处，虽然已经转向开始阳极化扫描，但这时的电极电位仍

相当负，扩散至电极表面的 $Fe(CN)_6^{3-}$ 仍在不断地还原，故仍呈现阴极电流，而不是阳极电流。当电极电位继续正向变化至 $Fe(CN)_6^{4-}$ 的氧化电位时，聚集在电极表面附近的还原

产物 $Fe(CN)_6^{4-}$ 被氧化，反应为 $Fe(CN)_6^{4-}-e^-\Longrightarrow Fe(CN)_6^{3-}$。这时产生阳极电流（$ijk$）。阳极电流随着扫描电位正移迅速增加，当电极表面的 $Fe(CN)_6^{4-}$ 浓度趋近于零时，阳极电流达到峰值（j 点）。扫描电位继续正移，电极表面的 $Fe(CN)_6^{4-}$ 耗尽，阳极电流衰减至最小（k 点）。当电位扫至 +0.5V，完成一次循环，获得了循环伏安图。

从循环伏安图可得到的几个重要参数：阳极峰电流（i_{pa}）、阴极峰电流（i_{pc}）、阳极峰电位（E_{pa}）、阴极峰电位（E_{pc}）。测量确定 i_p 的方法是：沿着基线作切线外推（为什么要沿基线作切线外推?）至峰下，从峰顶作垂线至切线，其间高度即为 i_p（如图 4-10 所示）。E_p 可直接从横轴与峰顶对应处读取。

对可逆电极反应 $O+ze\rightleftharpoons R$ 有如下关系：

$$E_p = E_{1/2} - 1.109\left(\frac{RT}{zF}\right) \tag{4-16}$$

$$E_{1/2} = E^\Theta + \frac{RT}{zF}\ln\frac{r_0\delta_0 D_R}{r_R\delta_R D_O} \tag{4-17}$$

$$E_p - E_{p/2} = \frac{56.5}{z}mv\,(25℃) \tag{4-18}$$

$$\Delta E_p = E_{pa} - E_{pc} \approx \frac{59}{z}mv \tag{4-19}$$

$$J_p = 2.69 \times 10^5 z^{3/2} Sc_O^0 D_O^{1/2} v^{1/2} \tag{4-20}$$

$$|J_{pa}| = |J_{pc}| \tag{4-21}$$

对完全不可逆电极反应 $O+ze\rightarrow R$ 则只出现正向扫描电流峰，逆向扫描时不出现电流峰，并有如下循环伏安特征：

（1）电流峰 J_p 与 $v^{1/2}$ 和 c_O^0 成正比；

（2）E_p 与 v 有关，v 越大偏离 $E_{1/2}$ 越大；

（3）E_p 与 $E_{p/2}$ 的差与 v 和 c_O^0 无关；

（4）v 一定时，E_p 与 c_O^0 无关。

对准可逆电极反应，正向扫描和逆向扫描都会出现电流峰，但电流峰峰值不相等。因此，除了具有上述循环伏安特征外，还具有其他特征。

三、实验设备和材料

1. 试剂：$0.5mol/L\ K_2SO_4$、$0.1mol/L\ K_3Fe(CN)_6$、铂柱电极、饱和甘汞电极、铂片、10%硝酸溶液、无水乙醇、丙酮、脱脂棉、不锈钢镊子、洗耳球、滤纸、小烧杯等。

2. 仪器：CHI600E 电化学工作站、单室三电极电解池（带鲁金毛细管和通气装置）、盐桥等。

四、实验内容及步骤

1. 将铂柱研究电极用脱脂棉依次蘸丙酮、乙醇擦洗、用去离子洗净，放入 10% 的硝酸溶液中浸泡 5min。

2. 开机：打开计算机，开启电化学工作站电源开关。

3. 变浓度实验：准确量取一定量的 0.5mol/L 的 K_2SO_4（作底液），按照预先设计加入一定量的 0.1mol/L $K_3Fe(CN)_6$ 配置成 5 种不同浓度的测试溶液。建议 5 种测试溶液的 $K_3Fe(CN)_6$ 浓度落在 $2×10^{-4}$ mol/L 到 $5×10^{-2}$ mol/L 浓度区间，如分别为 $5×10^{-4}$ mol/L、$1×10^{-3}$ mol/L、$1.5×10^{-3}$ mol/L、$2×10^{-3}$ mol/L、$2.5×10^{-3}$ mol/L。测试时先测试低浓度溶液，后测试高浓度溶液。

4. 在电解池内倒入约电解池容积 2/3 的测试溶液，装好辅助电极、参比电极、盐桥，将已准备好的研究电极放入电解池中。测试前先通入氮气 10min。电极采用三电极系统，接线如下：绿色夹头接工作电极，红色夹头接对电极，白色夹头接参比电极。

5. 运行程序：点击电脑上电化学工作站的快捷方式图标或根据安装路径找到电化学工作站运行程序，打开运行程序。

6. 选定电化学实验方法：点击 Setup（设置）下的 Technique（电化学方法），选择 Clyclic Voltammetry（循环伏安法），弹出所选择电化学方法窗口。

7. 设定参数：点击 Setup（设置）下的 Parameters（参数），为 Clyclic Voltammetry（循环伏安法）设置合适的参数，然后点击 OK（确定）。

8. 开始运行：点击 Control（操作）下的 Run experiment（运行）或点击快捷键，工作站即开始按选定的方法和参数运行。运行过程中，若曲线不正常（如电流溢出），可点击停止键"■"，人为中止运行。扫描结束，主页面将自动显示最完整的曲线图形。

9. 数据保存：扫描结束后，点击 File/Savs As，以适当的文件名保存测试数据。

10. 变换为另一种浓度的溶液，重新装好电解池及与电化学工作站的连线，测试前溶液先通入氮气 10min。

11. 重复第 7~10 步。

12. 变扫描速度实验：选择 5 种浓度中的一种作变速实验。按照预先设计选定一种扫速，重复第 7~9 步。建议扫描速度在 10~1000mV/s 的范围内按照 $(v)^{1/2}$ 均匀分布的规律进行选择。

13. 所有实验结束，关闭 CHI600E 界面，拆除连接导线，关闭电化学工作站电源，洗净电解池，放置好各种电极。

14. 关闭计算机，清理清洁台面。

五、实验报告要求

1. 绘制同一扫速下的铁氰化钾浓度（c）与 J_{pa} 和 J_{pc} 的关系曲线。

2. 绘制出同一铁氰化钾浓度下的 J_{pa} 和 J_{pc} 与相应的 $v^{1/2}$ 的关系曲线。

3. 利用你所掌握的知识（不仅仅是电化学，还包括相关基础课和专业课知识），尽可能详细地、全面地对实验所获得的数据、伏安曲线以及实验中观察到的实验现象加以说明或解释。

思考题

1. 铁氰化钾浓度与峰电流是什么关系？峰电流与扫描速度又是什么关系？

2. 峰电位（E_p）与半波电位（$E_{1/2}$）和半峰电位（$E_{p/2}$）相互之间是什么关系？

3. $K_4Fe(CN)_6$ 和 $K_3Fe(CN)_6$ 溶液的循环伏安图是否相同？为什么？

实验四　金属钝化曲线的测定及钝化行为研究

一、实验目的

1. 掌握用线性电位扫描法测定镍电极和不锈钢电极在硫酸溶液中的钝化行为。
2. 了解金属钝化行为的原理和测量方法。
3. 研究测定氯离子对镍电极和不锈钢电极在硫酸溶液中阳极钝化曲线的影响。

二、实验原理

1. 金属的钝化

金属处于阳极过程时会发生电化学溶解，其反应为：

$$M \longrightarrow M^{n+} + ne^- \tag{4-22}$$

在金属的阳极溶解过程中，其电极电势必须大于其热力学电势，电极过程才能发生。这种电极电势偏离其热力学电势的行为称为极化。当阳极极化不大时，阳极过程的速率（即溶解电流密度）随着电势变正而逐渐增大，这是金属的正常溶解。但当电极电势正到某一数值时，其溶解速率达到最大，而后，阳极溶解速率随着电势变正，反而大幅度降低，这种现象称为金属的钝化。金属钝化一般可分为两种。若把铁浸入浓硝酸（$d>1.25$）中，一开始铁溶解在酸中并放出 NO，这时铁处于活化状态。经过一段时间后，铁几乎停止了溶解，此时的铁即使放在硝酸银溶液中也不能置换出银，这种现象被称为化学钝化。另一种钝化称为电化学钝化，即用阳极极化的方法使金属发生钝化。金属处于钝化状态时，其溶解速率较小，一般为 $10^{-6} \sim 10^{-8} A/cm^2$。

金属之所以会由活化状态转变为钝化状态，至今还存在着不同的观点。有人认为金属钝化是由于金属表面形成了一层具有保护性的致密氧化物膜，因而阻止了金属进一步溶解，称为氧化物理论；另一种观点则认为金属钝化是由于金属表面吸附了氧，形成了氧吸附层或含氧化物吸附层，因而抑制了腐蚀的进行，称为表面吸附理论；第三种理论认为，开始是氧的吸附，随后金属从基底迁移至氧吸附膜中，然后发展为无定形的金属-氧基结构而使金属溶解速率降低，被称为连续模型理论。

2. 影响金属钝化过程的几个因素

（1）溶液的组成。溶液中存在的 H^+、卤素离子以及某些具有氧化性的阴离子对金属钝化现象有着显著的影响。在中性溶液中，金属一般是比较容易钝化的；而在酸性或某些碱性溶液中要困难得多。这与阳极反应产物的溶解度有关。卤素离子，特别是 Cl^- 的存在，则明显地阻止金属的钝化过程，且已经钝化了的金属也容易被它破坏（活化），这是因为 Cl^- 的存在破坏了金属表面钝化膜的完整性。溶液中如果存在具有氧化性的阴离子（如 CrO_4^{2-}），则可以促进金属的钝化。溶液中的溶解氧则可以减少金属上钝化膜遭受破坏的危险。

（2）金属的化学组成和结构。各种纯金属的钝化能力均不相同，以 Fe、Ni、Cr 种金属为例，易钝化的顺序 Cr>Ni>Fe。因此，在合金中添加一些易钝化的金属，则可提高合金的钝化能力和钝态的稳定性。不锈钢就是典型的例子。

（3）外界因素。当温度升高或加剧搅拌，都可以推迟或防止钝化过程的发生。这显然是与离子的扩散有关。在进行测量前，对研究电极活化处理的方式及其程度也将影响金属的钝化过程。

3. 研究金属钝化的方法

电化学研究金属钝化通常有两种方法：恒电流法和恒电势法。由于恒电势法能测得完整的阳极极化曲线，因此，在金属钝化研究中比恒电流法更能反映电极的实际过程。用恒电势法测量金属钝化可有下列两种方法。

（1）静态法。将研究电极的电势恒定在某一数值，同时测量相应极化状况下达到稳定后的电流。如此逐点测量一系列恒定电势时所对应的稳定电流值，将测得的数据绘制成电流–电势图，从图中即可得到钝化电位。

（2）动态法。将研究电极的电势随时间线性连续地变化（图 4-11），同时记录随电势改变而变化的瞬时电流，就可得完整的极化曲线图。所采用的扫描速率（单位时间电势变化的速率）需根据研究体系的性质而定。一般来说，电极表面建立稳态的速度愈慢，则扫描速度也应愈慢，这样才能使所测得的极化曲线与采用静态法的极化曲线相近。

上述两种方法，虽然静态法的测量结果较接近静态值，但测量时间太长，所以，在实际工作中常采用动态法来测量。本实验亦采用动态法。

用动态法测量金属的阳极极化曲线时，对于大多数金属均可得到如图 4-12 所示的形式。图中的曲线可分为四个区域：

1）AB 段为活性溶解区，此时金属进行正常的阳极溶解，阳极电流随电势的变化符合塔菲尔（Tafel）公式。

2）BC 段为过渡钝化区，电势达到 B 点时，电流为最大值，此时的电流称为钝化电流（$I_钝$），所对应的电势称为临界电势或钝化电势（$E_钝$）。电势过 B 点后，金属开始钝化，其溶解速率不断降低并过渡到钝化状态（C 点之后）。

3）CD 段为稳定钝化区，在该区域中金属的溶解速率基本上不随电势而改变。此时的电流称为钝态金属的稳定溶解电流。

4）DE 段为过钝化区，D 点之后阳极电流又重新随电势的正移而增大，此时可能是高价金属离子的产生；也可能是水的电解而析出 O_2；还可能是两者同时出现。

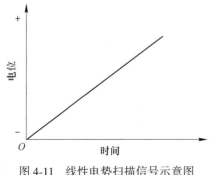

图 4-11　线性电势扫描信号示意图

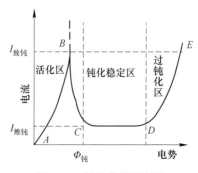

图 4-12　钝化曲线示意图

三、实验设备与材料

1. 仪器：CHI 电化学分析仪（包括计算机）1 台，研究电极（直径为 0.5cm 的 Ni 圆盘电极，不锈钢电极）1 支，饱和甘汞电极 1 支（0.1mol/L H_2SO_4 作盐桥），辅助电极 1 支（Pt 片电极），三电极电解池 1 个，金相砂纸（02 号和 06 号）。

2. 实验试剂：0.1mol/L H_2SO_4 溶液，1mol/L KCl 溶液，蒸馏水。

四、实验内容及步骤

本实验用线性电势扫描法分别测量 Ni 在 0.1mol/L H_2SO_4、0.1mol/L H_2SO_4+0.01mol/L KCl、0.1mol/L H_2SO_4+0.04mol/L KCl 和 0.1mol/L H_2SO_4+0.1mol/L KCl 在溶液中的阳极极化曲线。

打开仪器和计算机的电源开关，预热 10min。研究电极用 06 号金相砂纸打磨后，用重蒸馏水冲洗干净，擦干后将其放入已洗净并装有 0.1mol/L H_2SO_4 溶液的电解池中。分别装好辅助电极和参比电极，并接好测量线路（红色夹子接辅助电极；绿色接研究电极；白色接参比电极）。

通过计算机使 CHI 仪器进入 Windows 工作界面；在工具栏里选中"Control"，此时屏幕上显示一系列命令的菜单，再选中"Open Circuit Potential"，数秒钟后屏幕上即显示开路电势值（镍工作电极相对于参比电极的电势），记下该数值；在工具栏里选中"T"（实验技术），此时屏幕上显示一系列实验技术的菜单，再选中"Linear Sweep Voltammetry（线性电势扫描法）"；然后在工具栏里选中"参数设定"（在"T"的右边），此时屏幕上显示一系列需设定参数的对话框：

◆初始电势（Init E）——设定为比先前所测得的开路电势负 0.1V；

◆终止电势（Final E）——设为 1.4V；

◆扫描速率（Scan Rate）——定为 0.01V/s；

◆采样间隔（Sample Interval）——0.01V；

◆初始电势下的极化时间（Quiet Time）——设为 300s；

◆电流灵敏度（Sensitivity）——设为 0.001A（1E~3A）。

至此参数已设定完毕，点击"OK"键；然后点击工具栏中的运行键，此时仪器开始运行，屏幕上即时显示极化时间值（即在初始电势下阴极极化），300s 后显示当时的工作状况和电流随电势的变化曲线。扫描结束后点击工具栏中的"Graphics"，再点击"Graph Option"，在对话框中分别填上电极面积和所用的参比电极及必要的注解，然后在"Graph Option"中点击"Present Data Plot"显示完整的实验结果。给实验结果取个文件名存盘。

在原有的溶液中分别添加 KCl 使之成为 0.1mol/L H_2SO_4+0.01mol/L KCl、0.1mol/L H_2SO_4+0.04mol/L KCl 和 0.1mol/L H_2SO_4+0.1mol/L KCl 溶液，重复上述步骤进行测量。每次测量前工作电极必须用金相砂纸打磨和清洗干净。

注意：（1）每次测量前工作电极必须用金相砂纸打磨和清洗干净。（2）本实验中当 KCl 浓度不小于 0.02mol/L 时，钝化电流会明显增大，而稳定钝化区间（CD 段）会减小，此时的过钝化电流（DE 段）也会明显增大，为了防止损伤工作电极，一旦当 DE 段的电流达到 3~4mA 时应及时停止实验，此时只需点击工具栏中的停止键"■"即可。（3）在电化学测量实验中，常用电流密度代替电流，因为电流密度的大小就是电极反应的速率。同时实验图中电位轴上应标明是相对于何种参比电极。

五、实验报告要求

（1）分别在极化曲线图上找出 $E_{钝}$、$I_{钝}$ 及钝化区间，并将数据记录到表 4-1 中。

表 4-1　实验结果记录表

溶液组成	开路电位/V	初始电位/V	钝化电位 $E_{钝}$/V	钝化电流 $I_{钝}$/mA	钝化稳定区电流 $I_{钝}$/mA

（2）点击工具栏中的"Graphics"，再点击"Overlay Plot"，选中另 3 个文件使 4 条曲线叠加在一张图中，如果曲线溢出画面，可在"Graph Option"里选择合适的 X、Y 轴量程再作图，然后打印曲线，打印前须将打印格式设定为"横向"。

（3）比较 4 条曲线，并讨论所得实验结果及曲线的意义。

思考题

1. 在测量前，为什么电极在进行打磨后，还需进行阴极极化处理？
2. 如果扫描速率改变，测得的 $E_{钝}$ 和 $I_{钝}$ 有无变化？为什么？
3. 当溶液 pH 发生改变时，Ni 电极的钝化行为有无变化？
4. 在阳极极化曲线测量线路中，参比电极和辅助电极各起什么作用？

实验五　半导体导电类型的鉴别

一、实验目的

掌握判定半导体单晶材料导电类型的几种方法。

二、实验原理

半导体的导电过程存在电子和空穴两种载流子。多数载流子是电子的称 N 型半导体；多数载流子是空穴的称 P 型半导体。测量导电类型就是确定半导体材料中多数载流子的类别。半导体的导电类型是半导体材料重要的基本参数之一。在半导体器件的生产过程中经常要根据需要采用各种方法来测定单晶材料的导电类型。这里介绍两种常用的测定导电类型的方法：整流法（三探针法）和温差法（冷热探笔法）。

1. 整流法（三探针法）

三探针测试示意图如图 4-13 所示。

三探针与单晶材料形成整流接触，交流电压加在探针 1、2 间（其中探针 2 接地），在探针 2、3 间测量电势。对 N 型材料 V_{32} 具有正的直流分量，对 P 型材料 V_{32} 具有负的直流分量。

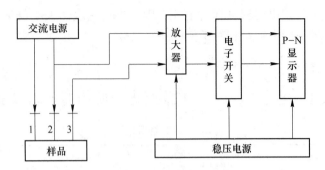

图 4-13　三探针测试示意图

2. 温差法（冷热探笔法）

冷热探笔法测试示意图如图 4-14 所示。

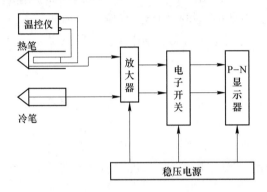

图 4-14　冷热探笔法测试示意图

热笔和冷笔同时紧压样品被测面，两笔间就有温差电势产生（微弱信号数毫伏左右），经过高输入阻抗直流放大器（约 1000 倍）将此电势放大，推动 P、N 显示屏显示 N 或 P，从而得知材料的导电类型。当材料为"N"型时，热笔相对于冷笔产生正电势，"P"型时则为负电势。

三、实验设备和材料

1. PN-12 型导电类型鉴别仪；
2. 不同导电类型硅片。

四、实验内容及步骤

1. 参看图 4-15，首先将整流法探笔和冷热笔分别通过四芯电缆插头和八芯电缆插头与主机对应的插座连接。

2. 按下电源开关，预热 15min，待仪器稳定后方可进行测量。一旦接通电源温控仪即开始工作，温控仪操控面板如图 4-16 所示。下面说明温控仪设定温度操作：

综合样品的电阻率与热电势的关系，出厂时温控仪温度设定为 100℃，可满足多数测量需要。

3. 被测样品的测量面须用金刚砂研磨或喷砂，并除去沾污。

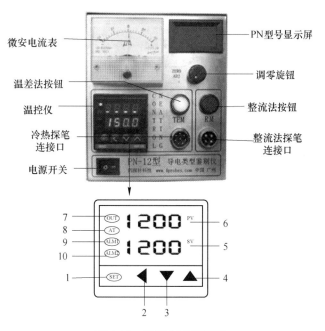

图 4-15　仪器功能面板图

1—设定键；2—设定数字移动键；3—设定值减少键；4—设定值增加键；5—设定值显示器；
6—测量值显示器；7—控制输出指示灯；8—自整定指示灯；9—第一报警指示灯；10—第二报警指示灯

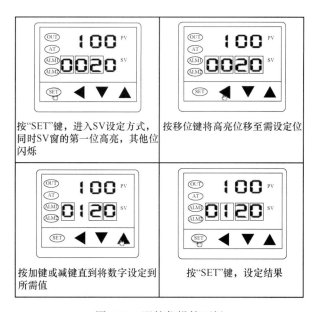

图 4-16　温控仪操控面板

4. 用整流法测量，按一下整流法按钮，此时按钮点亮（接通电源时，仪器自动选择为整流法）。此时将整流法探笔轻轻压在样品被测表面上，然后从 PN 显示屏观察即可知道导电类型。测量过程中，应保证三根针都与被测面接触，否则可能产生误判断。最后将样品的测试结果记录在表 4-2 中。

表 4-2　整流法样品测试记录

硅　片	样品 1	样品 2	样品 3
导电类型（P/N）			

5. 采用温差法测量时，按一下温差法按钮，此时温差法按钮会点亮，此时将冷热笔紧紧压在被测面上。然后从 PN 显示屏观察即可知道导电类型。在测试高阻（>$10^4\Omega\cdot cm$）样品时如果灵敏度不够，可将热笔温度稍为提高，但不可超 150℃。

6. 测量过程中应注意零点的调整，否则会带来误判。最后将样品的测试结果记录在表 4-3 中。

表 4-3　温差法样品测试记录

硅　片	样品 1	样品 2	样品 3
导电类型（P/N）			

五、实验报告要求

1. 说明实验测试的原理；
2. 制表给出测试样品属于哪一种半导体；
3. 思考并回答 N 型半导体和 P 型半导体各自的特点和形成原理。

思考题

N 型半导体和 P 型半导体各自的特点和形成原理是什么？

实验六　晶体管电容特性测试

一、实验目的

1. 掌握 KCV-300 型电容电压特性测试仪的使用方法；
2. 熟悉 PN 结 C-V 特性的测量；
3. 掌握计算掺杂的杂质浓度梯度 G 和 PN 结接触电势差 VD。

二、实验原理

C-V 法利用 PN 结或肖特基势垒在反向偏压时的电容特性，可以获得材料中杂质浓度及其分布的信息，这类测量称为 C-V 测量技术。这种测量可以提供材料截面均匀性及纵向杂质浓度分布的信息，因此比四探针、三探针等具有更大的优点。虽然扩展电阻也能测量纵向分布，但它需将样品进行磨角，而 C-V 法既可以测量同型低阻衬底上外延材料的分布，也可测量高阻衬底上异型层的外延材料的分布。

PN 结电容为势垒电容与扩散电容之和，正向偏压时，由于正向电流较大，扩散电容大于势垒电容。反偏时，流过 PN 结的是很小的反向饱和电流，扩散电容很小，这时势垒电容起主要作用。所以，C-V 测量加反向电压。

1. 对于突变结

势垒电容：

$$C_{\mathrm{T}} = \frac{\mathrm{d}Q}{\mathrm{d}V} = A\sqrt{\frac{\varepsilon_{\mathrm{r}}\varepsilon_0 q N_{\mathrm{A}} N_{\mathrm{D}}}{2(N_{\mathrm{A}} + N_{\mathrm{D}})(V_{\mathrm{D}} - V)}} \qquad (4\text{-}23)$$

其中：

$$\frac{N_{\mathrm{A}} N_{\mathrm{D}}}{N_{\mathrm{A}} + N_{\mathrm{D}}} = N^{*} \qquad (4\text{-}24)$$

式中，N^{*} 为轻掺杂区的掺杂浓度；A 为结区面积。

$$\frac{1}{C_{\mathrm{T}}^2} = \frac{2(V_{\mathrm{D}} - V)}{eA^2 \varepsilon_{\mathrm{r}}\varepsilon_0 N^{*}} \qquad (4\text{-}25)$$

即对突变结来说，$1/C^2$ 与 V 呈线性关系。如图 4-17 所示，直线延长与 V 轴的交点，可求出接触电势差 V_{D}，由直线斜率可求出 N^{*}。当 PN 结为单边突变结时，约化浓度可用高浓度一侧的掺杂代替。

2. 缓变结

势垒电容：

$$C_{\mathrm{T}} = \frac{\mathrm{d}Q}{\mathrm{d}V} = A\left[\frac{(\varepsilon_{\mathrm{r}}\varepsilon_0)^2 Ge}{12(V_{\mathrm{D}} - V)}\right]^{1/3} \qquad (4\text{-}26)$$

即：

$$\frac{1}{C_{\mathrm{T}}^3} = \frac{2(V_{\mathrm{D}} - V)}{eA^2(\varepsilon_{\mathrm{r}}\varepsilon_0)^2 G} \qquad (4\text{-}27)$$

式中，G 为掺杂浓度梯度；A 为结区面积。

所以对缓变结来说，$\dfrac{1}{C_{\mathrm{T}}^3}$ 与 V 呈线性关系。如图 4-18 所示，由直线斜率和截距可求出杂质浓度梯度 G 和 V_{D}。

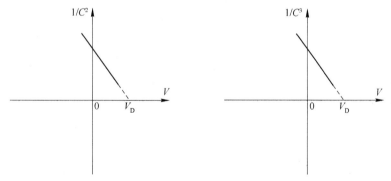

图 4-17　突变结电容–电压关系图　　　图 4-18　缓变结电容–电压关系图

三、实验设备和材料

1. KCV-300 型电容电压特性测试仪；

2. 晶体管若干。

四、实验内容及步骤

1. 测量步骤

（1）开机。仪器安装连接好后，把电源开关按到 ON 位置，电源接通，仪器执行自检程序。如果没有故障，测量指示灯亮。偏置电压指示状态为（电压去），虽然偏置电压有显示，但该电压尚未加到夹具上去。

（2）连接被测件。被测件引线应相当清洁且笔直，将它插入 KCV-300 测试座具即可。若被测件引线脏，必须先擦干净，以保证接触良好。

（3）零校准。由于温度变化或改变夹具，都会引起寄生电感变化，因此，在每天开机30min 后，改变夹具或温度变化大于 3℃时，都要完成零校准。分两步完成：

1）开路零校准：

① 开机。

② 在测量功能检查之后，应按［开路校准］按钮。在电容显示屏内出现一个"0"，并且通过灯亮，让人体远离仪器。按［校准触发］键并等一会，直到通过灯重新亮，开路校准完成。

2）短路零校准。把随机附带的短路铜片插入测试槽按［短路校准］按钮，电容显示屏内出现一个"5"，并且通过灯亮，按［校准触发］键等一会，直到通过灯重新亮，短路零校准完成。完成后请将短路铜片拿开。

（4）测量。在零校准后按测量键，当测量指示灯亮即进入测量状态。

2. 偏置电压下测量电容

（1）完成上面四个步骤后，把元件插入 KCV-300 夹具，夹具的插槽电压极性为：左边插槽为（+）极，右边插槽为（-）极。如测试三极管集电极、基极反向电压特性，如系 PNP 型三极管基极插入（+）插槽，集电极插入（-）插槽，如系 NPN 型三极管基极插入（-）插槽，集电极插入（+）插槽然后加不同偏压即可得出不同偏压下的电容值。如测试二极管，则二极管的"+"极插入（-）插槽，"-"极插入（+）插槽，即可得出不同偏压下的电容值。

（2）粗调电位器"W_1"及微调电位器"W_2"的使用：W_2 的调节范围是 $0 \sim V_0$（0 在 20V 以下，不同机器有些许差别），可精确调节每 0.1V。当测试元件反向耐压在 V_0 以下，可将 W_1 左旋至尽，单独调节 W_2 即可。当测试元件反向耐压在 100V 以下，则需 W_1、W_2 配合使用，请按以下步骤进行操作：

1）首先测量 20V 以下电容值：将 W_1 左旋至尽，单独调节 W_2 同时记录电容值，当 W_2 右旋到头时记下电压 V_1。

2）完成后再将 W_2 左旋至尽，然后慢慢右旋 W_1 使偏压电压值显示为 V_1，然后慢慢调节 W_2，并记录电容值，当 W_2 右旋至尽时记下电压 V_2。

3）完成后再将 W_2 左旋至尽，然后右旋 W_1 使偏置电压显示为 V_2，然后慢慢调节 W_2，重复步骤即可得出 100V 以内的偏置电压下的电容值。

测量二极管型号：IN4007 为线性缓变结二极管。

五、实验报告要求

1. 画出被测样品的 $V\text{-}1/C^2$ 曲线并计算相应半导体的掺杂浓度的梯度。
2. 思考并回答 PN 结电容的种类和产生原理。

思考题

思考并回答 PN 结电容的种类和产生原理。

实验七　半导体晶体管特性参数的测量

一、实验目的

1. 了解 YB4812 型晶体管特性图示仪原理，掌握其使用方法；
2. 观察三极管的输出特性曲线；
3. 测试四种三极管的反向击穿电压和直流电流增益。

二、实验原理

利用晶体管特性图示仪测试晶体管输出特性曲线的原理如图 4-19 所示。图中 T 代表被测的晶体管，R_B、E_B 构成基极偏流电路。取 $E_B \gg V_{BE}$，可使 $I_B = (E_B - V_{BE})/R_B$ 基本保持恒定。在晶体管 C-E 之间加入一锯齿波扫描电压，并引入一个小的取样电阻 R_C，这样加到示波器上 X 轴和 Y 轴的电压分别为 $V_X = V_{CE} = V_{CA} - I_C \cdot R_C \approx V_{CA}$，$V_Y = -I_C \cdot R_C \propto -I_C$。

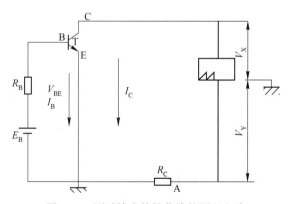

图 4-19　测试输出特性曲线的原理电路

当 I_B 恒定时，在示波器的屏幕上可以看到一根 $I_C\text{-}V_{CE}$ 的特性曲线，即晶体管共发射极输出特性曲线。为了显示一组在不同 I_B 的特性曲线簇 $I_{ci} = \Phi(I_{Ci}, V_{CE})$ 应该在 X 轴的锯齿波扫描电压每变化一个周期时，使 I_B 也有一个相应的变化，所以应将图 4-19 中的 E_B 改为能随 X 轴的锯齿波扫描电压变化的阶梯电压。每一个阶梯电压能为被测管的基极提供一定的基极电流，这样不同的阶梯电压 V_{B1}、V_{B2}、V_{B3}、…就可对应地提供不同的恒定基

极注入电流 I_{B1}、I_{B2}、I_{B3}、…只要能使每一阶梯电压所维持的时间等于集电极回路的锯齿波扫描电压周期，如图 4-20 所示，就可以在 T_0 时刻扫描出 $I_{C0} = \varPhi(I_{B0}, V_{CE})$ 曲线，在 T_1 时刻扫描出 $I_{C1} = \varPhi(I_{B1}, V_{CE})$ 曲线。通常阶梯电压有多少级，就可以相应地扫描出有多少根 $I_C = \varPhi(I_B, V_{CE})$ 输出曲线。YB4812 型晶体管特性图示仪是根据上述的基本工作原理而设计的。它由基极正负阶梯信号发生器，集电极正负扫描电压发生器，X 轴、Y 轴放大器和示波器等部分构成，其组成框图如图 4-21 所示，详细调节情况可参考附录。

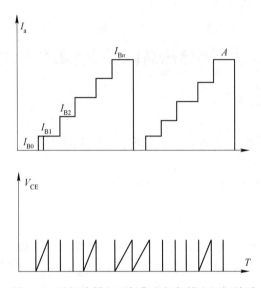

图 4-20　基极阶梯电压与集电极扫描电压间关系

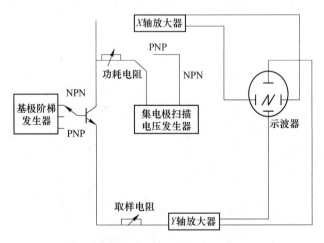

图 4-21　图示仪的组成框图

三、实验设备和材料

1. 实验设备：YB4812 晶体管特性图示仪；
2. 实验样品：具体型号规格见表 4-4。

表 4-4　测试样品参数表

型　号	极性	最大耐压 V_{CE}/V	工作最大电流 I_C/A
三极管 S8050	NPN	20	0.5
三极管 S8550	PNP	40	1.5
三极管 TIP32C	PNP	100	3

四、实验内容及步骤

实验内容：

描述晶体管的参数很多，双极型晶体管直流参数的测试主要包括：输出特性曲线、反向特性测试、直流电流增益。

1. 三极管输出特性曲线和 β 值的测量

（1）输出特性曲线。

基极电流 I_B 一定时，晶体三极管的 I_C 和 U_{CE} 之间的关系曲线叫做输出特性曲线。如图 4-22、图 4-23 所示。曲线以 $I_C(mA)$ 为纵坐标，以 $U_{CE}(V)$ 为横坐标给出，I_B 为参变量。图上的点表示了晶体管工作时 I_B、U_{CE}、I_C 三者的关系，即决定了晶体三极管的工作状态。从曲线上可以看出，晶体管的工作状态可分成三个区域。饱和区：U_{CE} 很小，I_C 很大。集电极和发射极饱和导通，好像被短路了一样。这时的 U_{CE} 称作饱和压降。此时晶体管的发射结、集电结都处于正向偏置。放大区：在此区域中 I_B 的很小变化就可引起 I_C 的较大变化，晶体管工作在这一区域才有放大作用。在此区域 I_C 几乎不受 U_{CE} 控制，曲线也较为平直，此时管子的发射结处于正向偏置，集电结处于反向偏置。截止区：$I_B = 0$，I_C 极小，集电极和发射极好像断路（称截止），管子的发射结、集电结都处于反向偏置。

（2）直流电流增益。

共发射极电路直流电流增益的定义如下：

$$\beta \approx \Delta I_C / \Delta I_B \big|_{VCE=常数}$$

1）3DK2。以 NPN 型 3DK2 晶体管为例，查表 4-4 得知 3DK2 β 的测试条件为 $V_{CE} = 20V$、$I_C = 10mA$。将光点移至荧光屏的左下角作坐标零点。

定义式：$i_C = f(u_{CE})|i_b = c$

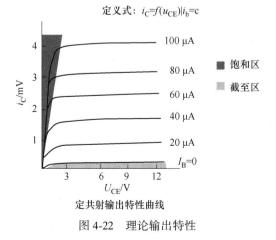

定共射输出特性曲线

图 4-22　理论输出特性

扫一扫查看彩图

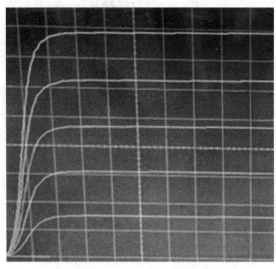

图 4-23　实测输出特性

扫一扫查看彩图

具体调节方式：

峰值电压范围 0~10V，Y 轴集电极电流 1mA/度，X 轴集电极电压 0.5V/度，显示极性"+"，极性"+"，扫描电压"+"，功耗电阻 250Ω，幅度/级 10μA，管脚：E-B-C（型号正面从左至右）。

逐渐加大峰值电压就能在显示屏上看到一簇特性曲线，读出 X 轴集电极电压 V_{CE} = 1V 时最上面一条曲线（每条曲线为 10μA，最下面一条 I_B = 0 不计在内）I_B 值和 Y 轴 I_C 值，可得 β 的值。为了便于读数，可将 X 轴的"伏/度"开关由原来的"集电极电压 U_C 改置""基极"电流 I_B，就得到 I_C-I_B 曲线，其曲线斜率就是 β。所得曲线称为电流传输特性曲线。

PNP 型三极管 β 值的测量方法同上，只需改变扫描电压极性、阶梯信号极性、并把光点移至荧光屏右上角即可。

2）3DG6。具体调节方式：

峰值电压范围 0~10V，Y 轴集电极电流 1mA/度，X 轴集电极电压 0.5V/度，显示极性"+"，极性"+"，扫描电压"+"，功耗电阻 250Ω，幅度/级 0.2mA，管脚：E-B-C（型号正面从左至右）。

3）2N2907（PNP）。具体调节方式：

峰值电压范围 0~10V，Y 轴集电极电流 2mA/度，X 轴集电极电压 1V/度，显示极性"+"，极性"-"，扫描电压"-"，功耗电阻 250Ω，幅度/级 10μA，管脚：E-B-C（型号正面从左至右）。

4）2N222。具体调节方式：

峰值电压范围 0~10V，Y 轴集电极电流 2mA/度，X 轴集电极电压 1V/度，显示极性"+"，极性"+"，扫描电压"+"，功耗电阻 250Ω，幅度/级 10μA，管脚：E-B-C（型号背面从左至右）。

2. 三极管击穿电压的测试

以 NPN 型 3DK2 晶体管为例，测试时，仪器部件的置位详见表 4-5。

表 4-5　三极管反向击穿测试管脚接法

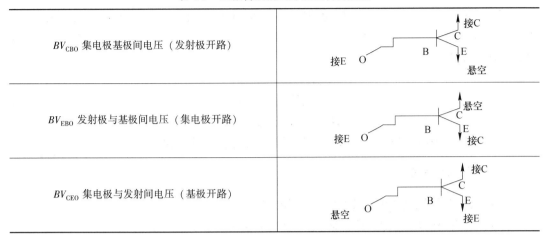

BV_{CBO} 集电极基极间电压（发射极开路）	接E O———— B —C— 接C E 悬空
BV_{EBO} 发射极与基极间电压（集电极开路）	接E O———— B —C— 悬空 E 接C
BV_{CEO} 集电极与发射间电压（基极开路）	悬空 O———— B —C— 接C E 接E

　　被测管按图 4-21 的接法，逐步调高"峰值电压"，X 轴的偏移量为对应的 BV_{CBO} 值、BV_{CEO} 值及 BV_{EBO} 值。注：扫描电压极性"−"。

　　PNP 型晶体管的测试方法与 NPN 型晶体管的测试方法相似。

　　将晶体管按规定的引脚插入之后，逐渐加大反向峰值电压，即可观察到晶体管反向伏–安特性曲线。当反向电压增加到某一数值之后，反向电流迅速增大，这就是击穿现象。通常规定晶体管两极之间加上反向电压，当反向漏电流达到某一规定值时所对应的电压值即为反向击穿电压。

　　晶体管的反向漏电流和反向击穿电压有三种情况：

　　（1）BV_{CBO}：E 极开路时 C-B 之间的反向击穿电压；

　　（2）BV_{EBO}：C 极开路时 E-B 之间的反向击穿电压；

　　（3）BV_{CEO}：B 极开路时 C-E 之间的反向击穿电压。

　　根据这些参数的定义，测试时分别将晶体管 C、B 级，E、B 级和 C、E 级插入图示仪上的插孔 C、E，然后加上反向电压，就可进行测量。测试 $V_{(BR)CEO}$ 时，也可将晶体管 E、B、C 同时和图示仪连接，将基极阶梯信号选用"零电流"，在 C、E 级同时和图示仪连接，将基极阶梯信号选用"零电流"，在 C、E 极之间加上反向电压进行测量。

　　实验步骤：

　　（1）开启电源，预热 5min，调节仪器"辉度""聚焦""辅助聚焦"等旋钮使荧光屏上的线条明亮清晰，然后调整图示仪（具体调整方法见附录）。

　　（2）根据待测管的类型（NPN 或 PNP）及参数测试条件，调整好光点坐标，将待测管的 C、B、E 按规定进行连接插入相应的位置。根据集电极基极的极性将测试选择开关置于 NPN（此时集电极电压，基极电压均为正）或（PNP 此时集电极电压，基极电压均为负）并将测试状态开关置于常态。

　　（3）将 Y 电流/度置于 I_C 合适档级，X 电压/度置于 U_C 合适档级。

　　（4）选择合适的阶梯幅度/级开关旋至电流/级较小档级，再逐渐加大至要求值。

　　（5）选择合适的功耗限制电阻，电阻值的确定可接负载的要求或保护被测管的要求进行选择。

（6）参考表4-4所示的测试条件进行测试。

（7）根据曲线水平和垂直坐标的刻度，从曲线上读取数据。为了减少测试误差，同一个数据要多读几次，取其平均值。对所显示的 I_B-I_C 曲线（波形）进行观察记录，读取数据，并计算 β 值：

$$\beta \approx \Delta I_C / \Delta I_{B数} \tag{4-28}$$

$$\Delta I_C = 示波管刻度 \times 档次读数 \tag{4-29}$$

$$\Delta I_B = 幅度 / 级 \times 级数 \tag{4-30}$$

（8）实验结束后，应将"峰值电压"调回零值，再关掉电源。

五、实验报告要求

1. 说明仪器测试晶体管输出特性曲线的原理。
2. 画出被测样品的输出特性曲线并计算相应的电流放大倍数。
3. 思考并回答晶体管的电流放大倍数与哪些因素有关。

思考题

晶体管的电流放大倍数与哪些因素有关？

第五章　材料现代分析测试技术实验

实验一　半导体材料吸收光谱及禁带宽度的测量

一、实验目的

1. 学习紫外分光光度计的工作原理和使用方法；
2. 学习用紫外分光光度计测量样品的透射光谱；
3. 能根据吸收光谱推算出材料的光学禁带。

二、实验原理

1. 任何一种物质对光波都会或多或少地吸收，电子由带与带之间的跃迁所形成的吸收过程称为本征吸收。在本征吸收中，光照将价带中的电子激发到导带，形成电子–空穴对。

本征吸收光子的能量满足：

$$h\nu \leqslant h\nu_0 = E_g \tag{5-1}$$

$$\nu_0 = \frac{c}{\lambda} \tag{5-2}$$

$$\lambda_0 = \frac{1240}{E_g}(\text{nm}) \tag{5-3}$$

电子在跃迁过程中，导带极小值和价带极大值对应于相同的波矢，成为直接跃迁。在直接跃迁中，如果对于任何 K 的跃迁都是允许的，则吸收系数与带隙的关系为：

$$\alpha h\nu = A(h\nu - E_g)^{\frac{1}{2}} \tag{5-4}$$

电子在跃迁过程中，导带极小值和价带极大值对应于不同的波矢，称为间接跃迁。在间接跃迁中，K 空间电子吸收光子从价带顶 K 跃迁到导带底部状态 K′，伴随着吸收或者发出声子。则吸收系数与带隙的关系为：

$$\alpha h\nu = A(h\nu - E_g)^2 \tag{5-5}$$

2. 透射率、吸光度与吸收系数之间的关系。

吸光度 A 与透射率 T 的关系为：

$$A = \lg \frac{1}{T} \tag{5-6}$$

吸光规律：

$$I = I_0 \exp(-\alpha x) \tag{5-7}$$

式中，α 为吸收系数；x 为光的传播距离。根据朗伯–比尔定律，A 正比于 α。

三、实验设备和材料

1. 紫外可见光分光光度计（UVmini）；
2. TiO$_2$ 粉末，ZnO 粉末，SnO$_2$ 粉末。

四、实验内容及步骤

1. 用紫外分光光度计测量 TiO$_2$ 溶液的透射光谱；
2. 用紫外分光光度计测量 ZnO 溶液的透射光谱；
3. 用紫外分光光度计测量 SnO$_2$ 溶液的透射光谱；
4. 用不同的拟合关系计算出 TiO$_2$、ZnO 和 SnO$_2$ 的光学禁带宽度，并与理论值比较，确定它们的跃迁类型。

操作步骤：

（1）用分析天平取一定量的半导体粉末固体样品，溶于一定量去离子水中，并计算物质的量浓度。

（2）开电脑、开分光光度计。

（3）双击"UV Probe"。

（4）点击下面的"连接"，待全部变绿灯（通过，约 10min）后点击"确定"。

（5）点击"编辑"，点击"方法（M）"。在弹出的"光谱方法"对话框中，波长范围输入 450 和 350，扫描速度选"高速"，采样间隔选"0.5"。

（6）点击该对话框中的"仪器参数"，测定方式选"透射率"，狭缝宽度选"1.0"，点击"确定"。

（7）点击"窗口"，点击"3 光谱"。

（8）放入样品：将制备的 ZnO 薄膜和空白样放置光路中（远端为参比池，近端为样品池）。

（9）点击"开始"，仪器开始扫描测定。

（10）扫描完毕，点击"文件"，"另存为"，设定数据保存位置（文件夹）和文件名。

（11）点击"操作""数据打印"，在数据打印区点击右键，"全选""复制"至文本文档（TXT）。即得到一组波长和透射率 $T\%$ 数据。

（12）点击"断开"，关 UV Probe（点击"文件""退出"），关电脑、关机。

五、实验报告要求

1. 利用 Origin 软件绘制所测试样品的吸收光谱图。

2. 由透射率得到吸收系数：$\alpha = \left(-\dfrac{1}{d}\right)\ln T$（$d$ 为样品厚度，cm；T 为透过率（量纲为 1），透射谱的纵坐标值，最大为 100%）。

3. 将波长换为能量 $h\nu(\mathrm{eV}) = \dfrac{1240}{\lambda(\mathrm{nm})}$。

4. 确定半导体带隙类型，如果是直接带隙：计算出 $(\alpha h\nu)^2$，如果是间接带隙：计算

出 $(\alpha h\nu)^{\frac{1}{2}}$。

5. 画出 $h\nu$ 为 X 轴，$(\alpha h\nu)^2$ 或者 $(\alpha h\nu)^{\frac{1}{2}}$ 为 Y 轴的曲线，在函数曲线单调上升的区域，找到接近直线的地方（即斜率最大的地方），作切线。将切线外推和 X 轴相交，交点即为带隙宽度。

思考题

如何根据吸收光谱数据判断半导体激发电子的跃迁类型。

实验二　荧光光谱仪的基本原理和使用

一、实验目的

1. 了解固体荧光产生的机理和一些相关的概念；
2. 学习荧光光谱仪的结构和工作原理；
3. 掌握荧光光谱的测量方法；
4. 对荧光光谱在物质特性分析和实际中的应用有初步的了解。

二、实验原理

1. 有关光谱的基本概念

光谱：光的强度随波长（或频率）变化的关系称为光谱。

光谱的分类：按照产生光谱的物质类型的不同，可以分为原子光谱、分子光谱、固体光谱；按照产生光谱的方式不同，可以分为发射光谱、吸收光谱和散射光谱；按照光谱的性质和形状，又可分为线光谱、带光谱和连续光谱；而按照产生光谱的光源类型，可分为常规光谱和激光光谱。

光谱分析法：光与物质相互作用引起光的吸收、发射或散射（反射、透射为均匀物质中的散射）等，这些现象的规律是和物质的组成、含量，原子、分子和电子结构及其运动状态有关的。以测光的吸收、散射和发射等强度与波长的变化关系（光谱）为基础而了解物质特性的方法，称为光谱分析法。

发射光（发光）：发光是物体内部将以某种方式吸收的能量转化为光辐射的过程，它区别于热辐射，是一种非平衡辐射；又与反射、散射和韧致辐射等不同，其特点是辐射时间较长，即外界激发停止后，发光可以延续较长时期（10^{-11}s 以上），而反射、散射和韧致辐射的辐射期间在 10^{-14} 以下。

荧光：某些物质受到光照射时，除吸收某种波长的光之外还会发射出比原来所吸收光的波长更长的光，这种现象称为光致发光（phot luminescence，PL），所发的光称为荧光。

荧光光谱分析法：利用物质吸收光所产生的荧光光谱对物质特性进行分析测定的方法，称为荧光分析法。

荧光分析法历史悠久，1867年，人们就建立了用铝–桑色素体系测定微量铝荧光分析法。到19世纪末，已经发现包括荧光素、曙红、多环芳烃等600多种荧光化合物。进入20世纪80年代以来，由于激光、计算机、光导纤维传感技术和电子学新成就等科学新技术的引入，大大推动了荧光分析理论的进步，加速了各式各样新型荧光分析仪器的问世，使之不断朝着高效、痕量、微观和自动化的方向发展，建立了诸如同步、导数、时间分辨和三维荧光光谱等新的荧光分析技术。

2. 固体的荧光

（1）荧光产生的机理。

固体的能级具有带状结构，其结构示意图如图5-1所示。其中被电子填充的最高能带称为价带，未被电子填充的带称为空带（导带），不能被电子填充的带称为禁带。当固体中掺有杂质时，还会在禁带中形成与杂质相关的杂质能级。

当固体受到光照而被激发时，固体中的粒子（原子、离子等）便会从价带（基态）跃进到导带（激发态）的较高能级，然后通过无辐射跃迁回到导带（激发态）的最低能级，最后通过辐射或无辐射跃迁回到价带（基态或能量较低的激发态），粒子通过辐射跃迁返回到价带（基态或能量较低的激发态）时所发射的光即为荧光，其相应的能量为 $h\nu(h\nu_1)$。

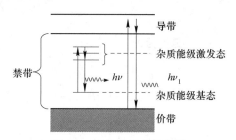

图 5-1　固体的能带结构图

以上荧光产生过程只是众多可能产生荧光途径中的两个特例，实际上固体中还有许多可以产生荧光的途径，过程也远比上述过程复杂得多，有兴趣的同学可参考固体光谱学的有关资料。

荧光光强 I_f 正比于价带（基态）粒子对某一频率激发光的吸收强度 I_a，即有

$$I_f = \Phi I_a \tag{5-8}$$

式中，Φ 为荧光量子效率，表示发射荧光光子数与吸收激发光子数之比。若激发光源是稳定的，入射光是平行而均匀的光束，自吸收可忽略不计，则吸收强度 I_a 与激发光强度 I_0 成正比，且根据吸收定律可表示为

$$I_a = I_0 A(1 - e^{-\alpha dN}) \tag{5-9}$$

式中，A 为有效受光照面积；d 为吸收光程长；α 为材料的吸收系数；N 为材料中吸收光的离子浓度。

（2）荧光辐射光谱和荧光激发光谱。

荧光物质都具有两个特征光谱，即辐射光谱或称荧光光谱（fluorescence spectrum）和荧光激发光谱（excitation spectrum）。前者反映了与辐射跃迁有关的固体材料的特性，而后者则反映了与光吸收有关的固体材料的特性。

荧光辐射光谱：材料受光激发时所发射出的某一波长处的荧光的能量随激发光波长变化的关系。

荧光激发光谱：在一定波长光激发下，材料所发射的荧光的能量随其波长变化的关系。

荧光辐射谱的峰值波长总是小荧光激发谱的峰值波长，即产生所谓斯托克斯频移。产

生这种频移的原因可从图 5-2 的位形坐标图中找到（为什么?）。

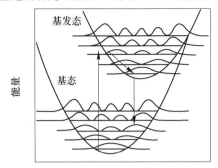

基态与激发态粒子的位置坐标

图 5-2　位形坐标模型与吸收、发射光过程示意图

通过测量和分析荧光材料的两个特征光谱可以获得以下几方面的信息：引起发光的复合机制；材料中是否含有未知杂质；材料及杂质或缺陷的能级结构。

（3）荧光分光度计。

用于测定荧光谱的仪器称为荧光分光度计。荧光分光光度计的主要部件有：激发光源、激发单色器（置于样品池后）、发射单色器（置于样品池后）、样品池及检测系统组成。其结构如图 5-3 所示。荧光分光光度计一般采用氙灯作光源，氙灯所发射的谱线强度大，而且是连续光谱、连续分布在 250~700nm 波长范围内，并且在 300~400nm 波长之间的谱线强度几乎相等。

激发光经激发单色器分光后照射到样品室中的被测物质上，物质发射的荧光再经发射单色器分光后经光电倍增管检测，光电倍增管检测的信号经放大处理后送入计算机的数据采集处理系统从而得到所测的光谱。计算机除具有数据采集和处理的功能外，还具有控制光源、单色器及检测器协调工作的功能。

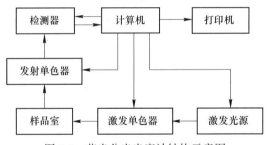

图 5-3　荧光分光光度计结构示意图

三、实验设备和材料

1. 荧光光谱仪 Horiba-FluoroMaxPlus（产地：日本），比色皿；
2. 荧光粉、量子点若干和乙醇等。

四、实验内容及步骤

1. 使用荧光光谱仪测量量子点溶液的特征激发和发射光谱。
2. 使用荧光光谱仪测量固体荧光粉的特征激发和发射光谱。
3. 利用 Origin 绘图软件绘制样品的荧光光谱图，标出特征激发发射波长。

操作步骤：

（1）制样：将量子点分散在乙醇溶液中，获得量子点分散液，将分散液转移到石英比色皿中；研磨固体荧光粉，再用石英玻璃将固体荧光粉封入样品槽。

（2）打开电脑，电脑开机后打开荧光光谱仪电源，预热 20min。

（3）打开 ▮▮▮ 软件，点击 ▮ ，仪器会自动建立通信，初始化。

（4）选择文件保存位置，操作方式与 Origin 一同。

（5）发射光谱测量。

在 ▮ 弹出的界面中选择 Spectra ，接下来选择进入 Emission，点击"next"，进入"Monos"，在该界面处设置测量参数，根据样品选择激发波长、激发端狭缝（0~5nm 连续可调），发射端狭缝与激发端狭缝一致。扫描波长范围比激发波长至少高 20nm。扫描步进"Inc"值根据自己需求选择，不小于 1。

进入"Detector"，设置采样点积分时间"Integration Time"和总时间"Totle Time"，总时间应大于积分时间，未经管理员允许，请保持默认参数。勾选"Dark offset"暗噪消除和"Correction"波长响应校正，勾选后信号输出变为"Sc"和"Rc"。

在"Signal Algebra"中 Remove 去掉不需要输出的信号，保留 S 和 Sc 两个即可。然后点击 ▮ "Run"，开始测试。测试过程中检查 S 信号的值，如果超过 $2×10^6$，则需要立即点击"Abort"终止测试避免损伤探头，修改狭缝宽度或者加衰减片再进行测试。如果 S 信号正常，则 Sc 值为正确测试值。

（6）激发光谱测量。

在 ▮ 弹出的界面中选择 Spectra ，接下来选择进入 Exicitation，点击"next"，进入"Monos"，在该界面处设置测量参数，根据样品选择激发波长、激发端狭缝（0~5nm 连续可调），发射端狭缝与激发端狭缝一致。

进入"Detector"，设置采样点积分时间"Integration Time"和总时间"Totle Time"，总时间应大于积分时间，未经管理员允许，请保持默认参数。勾选"Dark offset"暗噪消除和"Correction"波长响应校正，勾选后信号输出变为"Sc"和"Rc"。

在"Signal Algebra"中 Remove 去掉不需要输出的信号，保留输出 S 和 Sc/Rc 信号。

（7）数据保存 & 关机。

数据的保存和 Origin 的操作一致，根据自己需要保存相应的格式。关机，机器风扇会自动延迟关闭用于灯泡散热。

注意事项：

（1）测量过程中 S 值的信号不能超过 $2×10^6$。

（2）固体粉末和液体的测量需要分别使用粉末支架和液体支架。

（3）测量过程请勿污染测量仓。

五、实验报告要求

1. 利用 Origin 软件绘制所测试样品的荧光光谱图；

2. 对所制备的荧光光谱图进行标注，指出其特征激发和发射波长。

思考题

根据本实验测试过程，设计对于一个未知样品发光特性的测试流程。

实验三 热分析仪的结构、原理及使用

一、实验目的

1. 了解差热–热重分析仪的原理、仪器装置及使用方法；
2. 掌握差热–热重分析基本原理、测试技术及影响测量准确性的因素；
3. 掌握差热–热重曲线定性和定量处理方法，对实验结果做出解释。

二、实验原理

1. TG、DTG、DTA、DSC 的含义（查阅资料简述）。

2. 仪器工作原理——热重与差热分析。

（1）根据热电偶的测量原理，将一个热电偶制成传感器，将微量的样品置于传感器上，放入特殊的炉子内按一定的规律加热，当样品在一定的温度下发生吸放热的物理变化时，通过传感器就可以探测出样品温度的变化，进而通过专业的热分析软件，处理得出温度变化的数据或图形，根据图形再判断材料有可能发生的各种相变。

（2）将传感器和样品构成的支架系统同时放在天平上，当样品在一定的温度下发生重量的变化时，天平就可以立刻反映出来，通过专业的热分析软件，处理得出重量变化的数据或图形，同样根据图形再判断材料有可能发生的各种内在成分的变化。

3. 实验材料：晶体结构模型若干，多孔球棍模型套，有机玻璃盒，小钢球，凡士林等。

三、实验设备和材料

1. 仪器

实验所用仪器如表 5-1 所示。

表 5-1 仪器名称、规格和数量

仪器名称	规　格	数　量
热分析仪	STA F449	1 台
电子天平	梅特勒 M204E	1 台
坩埚	氧化铝	10 只
钥匙	12cm	1 只
玛瑙研钵	10cm	1 套
丁腈手套	L 码	1 盒
无尘纸	10cm×10cm	若干

2. 试剂

实验所用试剂如表 5-2 所示。

表 5-2　试剂名称、规格和用量

试剂名称	规　格	用　量
石墨粉	分析纯	500g
氧化石墨	自制	1g
无水乙醇	分析纯	500mL

四、实验内容及步骤

样品准备→开启仪器→测试样品→导出数据→关机

1. 提前 2h 检查恒温水浴的水位（保持液面不低于顶面 2cm），建议使用去离子水或蒸馏水；打开电源开关启动运行，设定的温度值应比环境温度高约 2~3℃，同时注意有无漏水现象，过滤器脏时要及时清洗。

2. 依次打开电源开关：显示器、电脑主机、仪器电源。

3. 确定实验用的气体（推荐使用惰性气体，如氮气），调节低压输出压力为 0.01~0.04MPa(不能大于 0.05MPa)，手动测试气路的通畅，并调节好相应的流量。

4. 样品制备与装样。根据样品的成分选择合适的坩埚（最常使用氧化铝坩埚）；样品的称重可使用精度 0.01mg 以上的外部天平，或以 STA449F3 本身作为称重天平。

5. 建立测量方法。STA 是 TG 与 DSC 的结合体，一般需进行基线扣除。在"测量类型"中选择"修正+样品"模式进行测量程序设定。

6. 测量。待炉体温度、样品温度相近而稳定；气体流量、TG 信号、DSC 信号稳定后，点击开始。系统会按照设定的程序自动完成测量。

7. 测量完成。打开炉盖，升起支架，取出样品，然后合上炉盖；待炉体温度接近室温后，关机，关总电源。

五、实验报告要求

1. 样品重量一般为 5~15mg，常规选 7~10mg 左右。热效应大或分解量大的可以减少样品量，热效应不明显或分解量较少的可适当增加样品量。原则：用尽可能少的量做出较好实验效果。

2. 一般不要测量有腐蚀性气体产生的样品（会损坏传感器）。

3. 每次降下炉子时要注意看看支架位置是否位于炉腔口中央，防止碰到支架盘而压断支架杆。

4. 推荐使用的升温速率为 10K/min 到 30K/min，温度超过 1200℃ 时建议不超过 20K/min，和小于 5K/min。

5. 实验完成后，必须等炉温降到 100℃ 以下后才能打开炉体。

6. 应避免在 1200℃ 以上进行恒温。

7. 程序中的紧急复位温度将自动定义为程序中的最高温度+10℃，也可根据测试需要重新设置该温度值。但其目的是防止因仪器故障造成炉腔内温度过高而出现事故。

思考题

1. 简述 DTA 与 DSC 的区别。

2. 升温速率过快、样品质量过多、样品颗粒过大等分别会对热分析曲线造成什么影响。

3. 仪器工作时为何要通入 N_2？

实验四　红外光谱仪的结构、原理及使用

一、实验目的

1. 学习 KBr 压片的制样方法；
2. 学习红外光谱仪的操作技术。

二、实验原理

在 $4000 \sim 400 cm^{-1}$ 波段，分子吸收红外光产生红外活性振动。由于分子吸收了红外线的能量，导致分子内振动能级的跃迁，从而产生相应的吸收信号——红外光谱（简记 IR）。通过红外光谱可以判定各种有机化合物的官能团；如果结合对照标准红外光谱还可用以鉴定有机化合物的结构。

红外吸收光谱分析方法主要是依据分子内部原子间的相对振动和分子转动等信息进行测定。

1. 红外光谱及其表示方法

红外光谱的表示方法：

典型的红外光谱：横坐标为波数（cm^{-1}，最常见）或波长（μm），纵坐标为透光率或吸光度。

红外波段通常分为近红外（$13300 \sim 4000 cm^{-1}$）、中红外（$4000 \sim 400 cm^{-1}$，特征区和指纹区）和远红外（$400 \sim 10 cm^{-1}$）。其中研究最为广泛的是中红外区。

红外光谱所研究的是分子中原子的相对振动，也可归结为化学键的振动。不同的化学键或官能团，其振动能级从基态跃迁到激发态所需要的能量不同，因此要吸收不同的红外光。物理吸收不同的红外光，将在不同波长上出现吸收峰。红外光谱就是这样形成的。

2. 红外谱带的强度

红外吸收峰的强度与偶极矩变化的大小有关，吸收峰的强弱与分子振动时偶极矩变化的平方成正比，一般，永久偶极矩变化大的，振动时偶极矩变化也较大，如 C＝O（或 C—O）的强度比 C＝C（或 C—C）要大得多，若偶极矩变为零，则无红外活性，即无红外吸收峰。

3. 红外谱带的位置

化学键的强弱、原子质量、电子云密度变化。

三、实验设备和材料

1. 仪器

实验所用仪器如表 5-3 所示。

表 5-3　仪器名称、规格和数量

仪器名称	规 格	数 量
红外光谱仪	Thermo Nicolet iS5/10	1 台
电子天平	梅特勒 M204E	1 台
玛瑙研钵	5cm	1 套
丁腈手套	L 码	2 盒
无尘纸	10cm×10cm	若干

2. 试剂

实验所用试剂如表 5-4 所示。

表 5-4　试剂名称、规格和用量

试剂名称	规 格	用 量
石墨粉	分析纯	500g
氧化石墨	自制	1g
无水乙醇	分析纯	500mL
溴化钾	分析纯	500g

四、实验内容及步骤

样品准备→开启仪器→测试样品→导出数据→关机

1. 样品的制备

不同的样品状态（固体、液体、气体及黏稠样品）需要与之相应的制样方法。制样方法的选择和制样技术的好坏直接影响谱带的频率、数目和强度。

（1）液膜法：样品的沸点高于 100℃可采用液膜法测定。黏稠样品也可采用液膜法。这种方法较简单，只要在两个盐片之间滴加 1~2 滴未知样品，使之形成一层薄的液膜。流动性较大的样品，可选择不同厚度的垫片来调节液膜的厚度。样品制好后，用夹具轻轻夹住进行测定。

（2）液池法：样品的沸点低于 100℃可采用液池法。选择不同的垫片尺寸可调节液池的厚度，对强吸收的样品用溶剂稀释后再测定。本底采用相应的溶剂。

（3）糊状法：需准确知道样品是否含有 OH 基团（避免 KBr 中水的影响）时采用糊状法。这种方法是将干燥的粉末研细，然后加入几滴悬浮剂（常用石蜡油或氟化煤油）在玛瑙研钵中研成均匀的糊状，涂在盐片上测定。本底采用相应的悬浮剂。

（4）压片法：粉末状样品常采用压片法。将研细的粉末分散在固体介质中，并用压片器压成透明的薄片后测定。固体分散介质一般是 KBr，使用时将其充分研细，颗粒直径最好小于 2μm(因为中红外区的波长是从 2.5μm 开始的)。本底最好采用相应的分散介质（KBr）。

（5）薄膜法：对于熔点低，熔融时不发生分解、升华和其他化学变化的物质，可采用加热熔融的方法压制成薄膜后测定。

2. 固体样品制样方法

取 0.5～2mg 无水固体样品，加干燥溴化钾粉末 100～200mg（样品与 KBr 的质量比为 1∶(100～200)），用玛瑙研钵磨细均匀，置于模具中，用压片机制成透明薄片，然后将含有试样的 KBr 片放入试样框架内用于测定。试样和 KBr 都应经干燥处理，研磨到粒度小于 2μm，以免散射光影响。

3. 仪器操作步骤

（1）开机。

开启电源稳压器，打开电脑、打印机及仪器电源。建议在操作仪器采集谱图前，先让仪器稳定 20min 以上。

（2）仪器自检。

按　打开软件后，仪器将自动检测并在右上角"　状态"出现绿色"　"。这样表示电脑和仪器通信正常。

4. 软件操作

（1）进入【采集】菜单的【实验设置】，进入【诊断】观察红外信号是否正常，如果正常就直接跳到下一步，如果不正常（比如说最大值小于 4），就按【准直】进行光路自动校准，如果还是不正常，就先按【重置光学台】，等几秒钟再按【准直】。软件操作界面如图 5-4 所示。

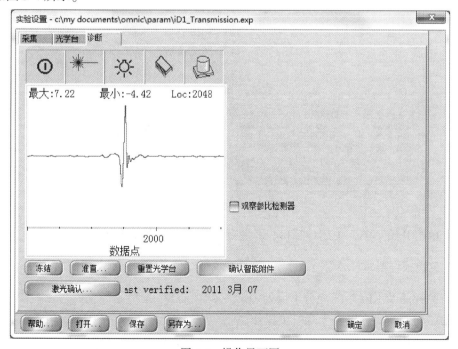

图 5-4　操作界面图

（2）将背景样品放入样品仓或以空气为背景，按 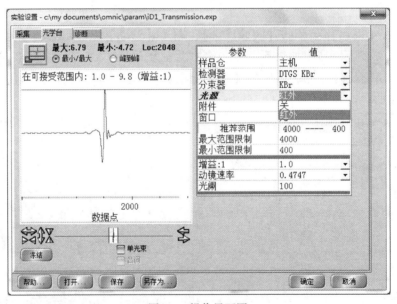 采集背景光谱（背景采集的顺序要同采集参数中背景光谱管理一致）。

（3）将测试样品放入样品舱，按 采集红外光谱。

（4）需要时，按 自动校正基线，或进行平滑处理等其他数据处理。

（5）需要时，按 进行谱图检索和红外谱图解析。

（6）按 标识谱峰。

（7）按 打印谱图。

5. 关机

（1）如果不用 24 小时通电，就直接把仪器电源关闭。如果想防止仪器受潮，要 24 小时通电，就打开【采集】下面【实验设置】中的【光学台】，再打开右侧【光源】选项，选择【关】，这样可以关闭红外光源，延长光源寿命，然后【确定】，最后按"   X   "退出 OMNIC 软件。操作界面如图 5-5 所示。

图 5-5 操作界面图

（2）单击开始菜单，关闭计算机，并关闭显示器和打印机电源等。

五、实验报告要求

1. 待测样品及 KBr 均需充分干燥处理。

2. 为了防潮，宜在红外干燥灯下操作。

3. 测试完毕，应依次用水和乙醇擦洗样。干燥后，置入干燥器中备用。

思考题

1. 用压片法制样时，为什么要求研磨到颗粒度在 $2\mu m$ 左右？研磨时不在红外灯下操作，谱图上会出现什么情况；
2. 为什么可以用 KBr 制样，有何优点和缺点；
3. 对于 C ＝ O 的谱带位置一般出现在何处，如果用 Cl 取代羧基的 H，C ＝ O 谱带位置会发生什么变化？

实验五　X 射线衍射仪的结构、原理及物相分析

一、实验目的

1. 掌握 X 射线衍射仪的结构和工作原理；
2. 掌握衍射样品的制备；
3. 掌握 X 射线衍射物相定性分析的方法和步骤。

二、实验原理

人们通常利用光子衍射、中子衍射和电子衍射来研究晶体结构。当辐射的波长同晶格常数相当或更小时，将出现衍射束。而 X 射线的波长与晶体晶格常数基本相当，从而可以利用 X 射线来分析晶体结构。

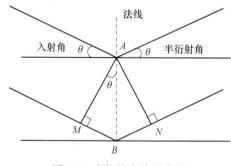

图 5-6　布拉格定律示意图

W. L. Bragg 对来自晶体的衍射束提出了一个简单的解释。假设入射波从晶体中的平等原子平面作镜面式反射，每一个平面只反向很少一部分辐射。当来自平行原子平面的反向发生相长干涉时，如图 5-6 所示，就得出衍射束。

由图 5-6 可知，考虑间距为 d 的平行点阵平面，入射辐射线位于纸平面中。由相邻平面反射的射线光程差是 $2d\sin\theta$。当光程差是波长 λ 的整数 n 倍时，来自相邻平面的辐射就发生相长干涉，从而得到布拉格定律。

$$2d\sin\theta = n\lambda \tag{5-10}$$

$$\frac{n\lambda}{2d} = \sin\theta < 1,\ 即\ n\lambda < 2d \tag{5-11}$$

式中，n 为衍射级数。

本实验使用的仪器是德国布鲁克公司生产的 D8 ADVANCE X 射线粉末衍射仪。X 射线衍射仪主要由 X 射线发生器（X 射线管，Cu 靶）、测角仪、X 射线探测器、计算机控制处理系统、冷却系统等组成。

1. X 射线管

X 射线的本质是电磁辐射，与可见光完全相同，仅是波长短而已，因此具有波粒二象性。图 5-7 给出了 X 光管的结构。

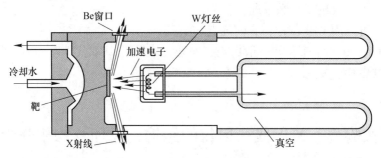

图 5-7　X 光管结构示意图

通过高压加速电子，当高速运动的电子与光靶碰撞时，发生能量转换，电子的运动受阻失去动能，其中小部分（1% 左右）能量转变为 X 射线，而绝大部分（99% 左右）能量转变成热能使光靶温度升高，为防止靶熔化，所以要通冷却水。当电压达到临界电压时，标识谱线的波长不再变，强度随电压增加。标识 X 射线谱的产生机理与阳极物质的原子内部结构紧密相关的。原子系统内的电子按泡利不相容原理和能量最低原理分布于各个能级。在电子轰击阳极的过程中，当某个具有足够能量的电子将阳极靶原子的内层电子击出时，于是在低能级上出现空位，系统能量升高，处于不稳定激发态。较高能级上的电子向低能级上的空位跃迁，并以光子的形式辐射出标识 X 射线谱。

常用的 X 射线靶材有 W、Ag、Mo、Ni、Co、Fe、Cr、Cu 等。选择阳极靶的基本要求：尽可能避免靶材产生的特征 X 射线激发样品的荧光辐射，以降低衍射花样的背底，使图样清晰。

其中铜就是一个很好的材料，具有高熔点和高的热导；被电子轰击的铜靶给出一条强的 Cu K_α 线（标识 X 射线），波长为 0.15418nm。

必须根据试样所含元素的种类来选择最适宜的特征 X 射线波长（靶）。当 X 射线的波长稍短于试样成分元素的吸收限时，试样强烈地吸收 X 射线，并激发产生成分元素的荧光 X 射线，背景增高。其结果是峰背比或信噪比低，衍射图谱难以分析。

X 射线衍射所能测定的 d 值范围，取决于所使用的特征 X 射线的波长。X 射线衍射所需测定的 d 值为 0.1~1nm。为了使这一范围内的衍射峰易于分离而被检测，需要选择合适波长的特征 X 射线。一般测试使用铜靶，但因 X 射线的波长与试样的吸收有关，可根据试样物质的种类分别选用 Co、Fe、Cr 或 Mo 靶。

2. 测角仪

测角仪是 X 射线粉末衍射仪的核心部件，主要由索拉狭缝、发散狭缝、接收狭缝、防散射狭缝、样品座及闪烁探测器等组成。狭缝决定了 X 射线的发散程度，限制试样被 X 射线照射的面积，影响入、衍射 X 射线的强度、信噪比大小和 θ 角的精度。

（1）衍射仪一般利用线焦点作为 X 射线源。

（2）从 X 光管中发射出的 X 射线，其水平方向的发散角被第一个索拉狭缝和一个发散狭缝限制之后，照射到试样上。索拉狭缝，是由一组等间距相互平行的薄金属片组成，它限制入射X射线和衍射线的垂直方向发散。索拉狭缝装在叫作索拉狭缝盒的框架里，这个框架兼作其他狭缝插座用。

（3）从试样上衍射的X射线束，通过防散射狭缝和第二个索拉狭缝，限制入射X射线的发散程度。

（4）然后经过，一个镍（Ni）片，其作用是过滤掉X射线中的K_β，提高射线的单色性。

（5）最后，经过放在这个位置的第二个狭缝，称为接收狭缝。

3. X射线探测器

衍射仪中常用的探测器是闪烁计数器（SC），通常内部装有用微量铊活化的碘化钠（NaI）单晶体，这种晶体经X射线激发后发出蓝紫色的光。通过光电转换把这种荧光转换为能够测量的电流。由于输出的电流和计数器吸收的X光子能量成正比，因此可以用来测量衍射线的强度。

4. 计算机控制、处理装置

D8 Advance X射线粉末衍射仪主要操作都由计算机控制自动完成，扫描操作完成后，衍射原始数据自动存入计算机硬盘中供数据分析处理。数据分析处理包括平滑点的选择、背底扣除、自动寻峰、d值计算，衍射峰强度计算等。

三、实验设备和材料

1. 仪器

实验所用仪器如表5-5所示。

表5-5　仪器名称、规格和数量

仪器名称	规　格	数　量
D8 ADVANCE X射线粉末衍射仪	德国布鲁克公司生产	1台
样品台	50mm×50mm	1只
钥匙	12cm	1只
玛瑙研钵	10cm	1套
丁腈手套	L码	2盒

2. 试剂

实验所用试剂如表5-6所示。

表5-6　试剂名称、规格和用量

试剂名称	规　格	用　量
石墨粉	分析纯	500g
氧化石墨	自制	1g
无水乙醇	500mL	1瓶
炭黑	分析纯	10g

四、实验内容及步骤

样品准备→开启仪器→测试样品→导出数据→关机

1. 样品制备

X 射线衍射分析的样品主要有粉末样品、块状样品、薄膜样品、纤维样品等。样品不同，分析目的不同（定性分析或定量分析），则样品制备方法也不同。

（1）粉末样品：X 射线衍射分析的粉末试样必须满足这样两个条件：晶粒要细小，试样无择优取向（取向排列混乱）。所以，通常将试样研细后使用，可用玛瑙研钵研细。定性分析时粒度应小于 $44\mu m$(350 目)，定量分析时应将试样研细至 $10\mu m$ 左右。

粉末样品架为 50mm×50mm 的高分子样品架，填充区直径为 25mm。充填时，将试样粉末放进试样填充区，使粉末试样在试样架里均匀分布，然后用玻璃片压平实，要求试样面与样品架表面共面。

（2）块状样品：先将块状样品表面研磨抛光，大小应该能够放入直径 25mm 的填充区，然后用橡皮泥将样品粘在填充区，并用玻璃板压平，要求样品表面与支架表面平齐。

（3）微量样品：取微量样品放在单晶硅样品支架上（切割单晶硅样品支架时使其表面不满足衍射条件），滴数滴无水乙醇使微量样品在单晶硅片上分散均匀，待乙醇完全挥发后即可测试。

2. 管电压和管电流的选择

选择管电流时功率不能超过 X 射线管额定功率，否则光管寿命将锐减；而较低工作功率可以延长 X 射线管的寿命。

实验过程中使用的管压和管流分别为 40kV 和 40mA。

3. 狭缝的选择

生产厂家提供 1mm 和 2mm 的发散狭缝和防散射狭缝，并且测试过程中两者大小必须相等。由于实验过程中仅进行物相的定性分析所以均选用 2mm；接收狭缝有 0.1mm 和 0.2mm 两种，这里选择 0.2mm。

4. 扫描范围的确定

不同的测定目的，其扫描范围也不同。当选用 Cu 靶进行无机化合物的相分析时，扫描范围一般为 $90° \sim 10°(2\theta)$；对于高分子，有机化合物的相分析，其扫描范围一般为 $60° \sim 2°(2\theta)$。

5. 扫描步长及时间的确定

常规物相定性分析常采用 $0.02° \sim 0.08°$ 的扫描步长，每一步的时间为 $0.3 \sim 3s$ 不等。扫描步长越小，则 θ 精度越高，测试用时越长。每一步时间越长，信噪比相对越大，测试用时也越长。所以要在保证实验需要的条件下，选择适当的扫描步长和每一步的时间。

6. 样品测试

（1）开机前的准备——查看供电系统是否正常。

（2）开机。打开冷却水循环装置，此机器设置温度在 20℃，一般温度不超过 28℃ 即可正常工作。在衍射仪左侧面，将红色旋钮放在"｜"的位置，将绿色按钮按下（图 5-8）。此时机器开始启动和自检。启动完毕后，机器左侧面的两个指示灯显示为白色。

按下高压发生器按钮，高压发生器指示灯亮（如果是较长时间未开机，仪器将自动进

图 5-8　操作杆示意图

扫一扫查看彩图

行光管老化，此时按键为闪烁的蓝色，并且显示 COND）。打开仪器控制软件，DFFRAC. Measurement Center 选择 Labmanager，没有密码，回车进入软件界面。在 commander 界面上，勾上 request，然后点击 Int.，对所有马达进行初始化。在每次开机时需要进行初始化，仪器会自动提醒，未初始化显示为叹号！初始化正常后显示为对勾，如图 5-9 所示。机器启动完毕，可进行测量。

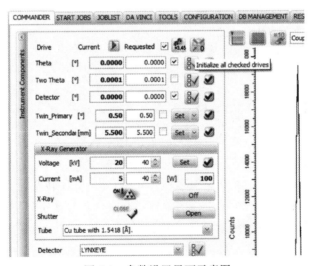

图 5-9　参数设置界面示意图

（3）测试部分：

1）X 光管及其老化。

开启 X 光管高压；如果 X 光管三天没用，为保护光靶，延长光管使用寿命，则需要启动光管老化程序，程序完成以后再进行样品测试（程序自动完成，约 40min）。

2）测试（图 5-10）。

将装有样品的支架装入样品台；打开 Commander 软件，先初始化角度；设定管压和管流为 40kV 和 40mA；设置 2θ 范围为 10°~80°；设置步长为每步时间为 0.1s。

点 start 按钮开始测试。测试完毕以后，导出数据，存储文件（result save-文件类型：V3. raw），取出试样。

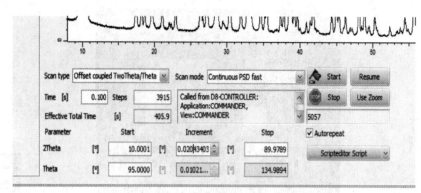

扫一扫
查看彩图

图 5-10　软件测试界面设置图

（4）停机操作：

1）在软件里降高压。在软件 XRD Commander 里将高压调到 20kV ~ 5mA，点击"Set"。

2）关软件 XRD Commander。

3）关 X-ray 高压（右侧扳手逆时针向上扳 45°），再等 5min。

4）关仪器电源（按红色按钮）。

5）关循环水（关仪器电源后迅速关水）。

6）关 BIAS(在前盖盘内)。

7）关电脑。

8）关总电源。

五、实验报告要求

1. 不是单纯的元素分析，能确定组元所处的化学状态（试样属于何种物质，哪种晶体结构，并确定其化学式）。

2. 可区别同素异构物相，尤其是对多型、固体有序–无序转变的鉴别。

3. 样品由多组分构成时，可区别是固溶体或是混合相（多组分物相）。

4. 可分析粉末状、块状、线状试样。样品易得，耗量少，与实体系相近，应用非常广泛。

5. 物相必是结晶态，可检出非晶物。

6. 微量相（<1wt%）物相鉴定可利用物理化学电解分离萃取富集办法，如无法萃取可加大辐射功率，使有可能出现 3 条衍射峰，即可鉴定物相，如辅之以其他方法更有利于判定物相。

7. 对分析模棱两可的物相分析，借助试样的历史（如试样来源、化学组分、处理情况等），或者借助其他分析手段如（化学分析、金相、电镜等）进行综合判断是绝对必要的。最终人工判断才能得出正确结论。

思考题

1. 简述连续 X 射线谱、特征 X 射线谱产生原理及特点。

2. 粉末、块体样品如何制备?

3. X 射线在晶体上产生衍射的条件是什么?

实验六　固体比表面仪的结构、原理及使用

一、实验目的

1. 了解氮吸附比表面仪测定粉体材料比表面积的基本原理;

2. 掌握粉体材料比表面积的测量及分析方法。

二、实验原理

1. 测定比表面积需要测定的数据

大部分固体物质的比表面积计算方法如下:

$$A = V_m N_A \sigma \tag{5-12}$$

式中,A 为该物质的比表面积,m^2/g;V_m 为吸附剂表面形成一个单分子层时的吸附量,即饱和吸附量,mol/g;N_A 为阿伏加德罗常数;σ 为一个分子的截面积,m^2。本次实验中,测定粉末固体的比表面积,采用氮气作为吸附剂,而氮的分子截面积在试验温度下为已知的常数,所以实验中在只需要测定饱和吸附量 V_m 即可。

2. 按 BET 测定饱和吸附量 V_m

在恒温条件下,吸附量和吸附质之间的相对压力的关系式,即 BET 公式如下:

$$V = \frac{V_m C p}{(p_0 - p)\left[1 + (C - 1)\dfrac{p}{p_0}\right]} \tag{5-13}$$

式中,V 为在相对压力为 p/p_0 下达到平衡时的吸附量,mol/g;V_m 为吸附剂表面形成一个单分子层时的吸附量,即饱和吸附量,mol/g;p 为吸附达到平衡时吸附质的压力;p_0 为在给定吸附温度下,吸附质的饱和蒸气压;C 为常数,与温度、吸附热和凝聚热等有关。

将上式进行移项处理,可以得到一个关于 V 和 V_m 的关系式,如下:

$$\frac{p/p_0}{V\left(1 - \dfrac{p}{p_0}\right)} = \frac{1}{V_m C} + \frac{C - 1}{V_m C}\frac{p}{p_0} \tag{5-14}$$

$V_m = \dfrac{1}{a + b}$ 由 $\dfrac{p/p_0}{V\left(1 - \dfrac{p}{p_0}\right)}$ 对 p/p_0 作图,可以得到一条直线,直线的斜率为 a,截距为 b,由上面的公式推导可知,V_m 可以通过 a、b 计算得出:

$$V_m = \frac{1}{a + b} \tag{5-15}$$

所以,如果要测定 V_m,就需要控制不同的相对压力 p/p_0,测出一系列的 V 值,通过作图法求得 V_m。综上所述,对于实验材料比表面积的测定就转化为了控制一定温度,在

不同相对压力下测定 V 的值。

低温氮吸附容量法测催化剂比表面积的理论依据是 Langmuir 方程和 BET 方程。

Langmuir 吸附模型假定条件为：

（1）吸附是单分子层的，即一个吸附位置只吸附一个分子；

（2）被吸附分子间没有相互作用力；

（3）吸附剂表面是均匀的。

BET 方程模型条件为：

（1）吸附剂表面可扩展到多分子层吸附；

（2）被吸附组分之间无相互作用力，而吸附层之间的分子力为范德华力；

（3）吸附剂表面均匀；

（4）第一层吸附热为物理吸附热，第二层为液化热；

（5）总吸附量为各层吸附量的总和，每一层都符合 Langmuir 公式。

在本次实验中，用液氮维持样品的低温使被吸附分子间几乎没有相互作用。并且在相对压力为 0.05~0.30 之间进行取点实验。

三、实验设备和材料

1. 仪器

实验所用仪器如表 5-7 所示。

表 5-7　仪器名称、规格和数量

仪器名称	规　格	数　量
比表面及孔径分布分析仪	QuantaChrome autosorb iQ	1 台
电子天平	梅特勒 M204E	1 台
玛瑙研钵	10cm	1 套
丁腈手套	L 码	2 盒
无尘纸	10cm×10cm	若干

2. 试剂

实验所用试剂如表 5-8 所示。

表 5-8　试剂名称、规格和用量

试剂名称	规　格	用　量
石墨粉	分析纯	500g
氧化石墨	自制	1g
无水乙醇	分析纯	500mL

四、实验内容及步骤

开启仪器→装样品脱气→测试样品→数据分析→关机

1. 样品准备

（1）样品管的选择：1）粉末样品：有 6mm、9mm、12mm 口径，底部为大玻璃泡的样品管可供选择。2）颗粒样品：6mm 口径，底部为小玻璃泡的样品管。颗粒样品对样品管的选择性不强，粉末状样品的样品管对其也适用。

（2）称样：样品管称量→样品称量→样品 + 空管称量，视样品比表面积决定称样量，如表 5-9 所示。

表 5-9　试样品不同比表面积对应的称样量

比表面积/$m^2 \cdot g^{-1}$	称样量/g	比表面积/$m^2 \cdot g^{-1}$	称样量/g
>100	0.1 左右	1~10	>1
10~100	0.1~1		

2. 脱气

（1）把装有样品的样品管固定安装在仪器面板右侧的 "Outgaser" 栏中的 Station 1 或 Station 2，用夹子把加热包固定在样品管上。

（2）冷阱杜瓦瓶装上液氮后，固定在仪器中间挂钩上。

（3）点击 AS1win 软件上的 "Operation"→"Outgaser control" 里选择 Station 1 或 Station 2（如果两个同时脱气，则全选），按右边的 "Load"。

（4）脱气温度设置：在仪器面板右下方设置脱气温度，温度可通过仪器面板读取。一般先设为 70℃，温度慢慢上升至 70℃ 后保持 30min。接着把温度设为 300℃（视样品耐受温度决定），处理 4h 或以上，即可认为脱气比较完全了。

（5）气体回填：脱气完毕后，先把温度降至 50℃ 左右，卸下加热包，用吸附质（N_2）回填样品管。具体操作点击 AS1win 软件上的 "Operation" → "Outgaser control" 里选择 "Adsorbate"，然后按右边的 "Unload" 控制键等待 2~3min 即可（此时仪器面板上 "Outgaser" 栏的状态显示灯将由绿色变红色）。

（6）卸下样品管，用手指堵住样品管口，再一次称量样品和空管的总质量，此质量与空管质量相减，即得脱气后样品实际质量。

3. 样品分析

注意脱气站和分析站的关系：样品在进行吸附分析实验时，无法开始新的样品脱气操作；但设置完样品脱气操作后可进行样品分析站实验。

（1）将样品管安装在仪器面板左侧的样品位。

（2）分析站杜瓦瓶充上液氮后，放置于仪器左侧的升降托上。

（3）点击 AS1win 软件上的 "Operation"→"Start anaysis" 进行参数设置：

1）样品参数设置（Admin）：一般只需改变两个参数，"File name" 与 "Weight"。

2）分析参数设置（Analysis）：在该处选择所用的样品管型号，其余参数无需改动，采用默认设置。

测试点的设置（Points）：

1）微孔测试：可采用已有的方法，从面板下方 "Load/Save" 中选择 "Load points"，然后选择 Micro1e-6. qcAS1points 或 Micro1e-7. qcAS1points 即可。也可通过 "Advanced options"→"Micropore" 自己进行编辑。

2）介孔与大孔测试：点击面板右下方 "Advanced options"，选择 BET 测试点数、吸附与脱附点数。此时，在面板左上方就会出现选择的所有点数。

注意：若只测试比表面积，不求孔径分布，则不需设置吸附与脱附点数。

3）设置"Tol"与"Equ"：点击面板左下方"All"（所有点数全选），在"Tol"与"Equ"左侧打上勾，一般设为"3"与"2"，然后点击"Apply to selected"。其余参数，如"Data Reduction"与"MP MaxiDose"，用户无需设置，采用默认设置即可。

注意：以上设置的参数均可进行保存，点击"Load/Save"控键即可进行保存操作，路径是系统默认的，用户不需改动。

退出程序命令：若在样品分析过程中出现意外情况（如停电等），需退出程序，则可采用以下两种方式：

（1）Abort Analysis 命令：点击 AS1win 软件里的"Operation"→"Abort Analysis"，仪器做完当前正在做的点数后即可退出程序。

（2）仪器电源开关命令：关掉仪器后面的电源总开关，再打开，也可以执行退出程序，且该操作是立即执行的。

4．数据处理

（1）通过 AS1win 软件界面打开目标数据文件。

（2）单击鼠标右键，可选择 Graphs、Tables 以及 Edit data tags 等进行适合自己的数据处理：

1）比表面积数据处理：单击鼠标右键→Graphs→BET→多点 BET 或单点 BET→出来关于 BET 的线性图。单击鼠标右键→Tables→BET→多点 BET 或单点 BET→出来关于 BET 的数据格式报告。

2）孔径分布数据处理：单击鼠标右键→"Edit data tags"→把"P"点上。

3）介孔：单击鼠标右键→Graphs→BJH method→Desorption→出来关于该材料孔径分布图。单击鼠标右键→Tables→BJH method→Desorption→出来关于该材料的孔径分布数据格式报告。

4）微孔：单击鼠标右键→Graphs→HK 或 SF method→Adsorption→出来关于该材料孔径分布图。单击鼠标右键→Tables→HK 或 SF method→Adsorption→出来关于该材料的孔径分布数据格式报告。

（3）数据报告总体：单击鼠标右键→"Edit data tags"→把"V"点上→在左边找到 p/p_0 最大值并选上→"Apply to selected"→关闭数据文件（以上步骤是为了读取孔容数据）→再打开数据文件→单击鼠标右键→"Tables"→"Area-Volume Summary"→"Area-Volume Summary"，则可出现抬头为"Quantachrome AS1win-Automated Gas Sorption Data"的数据报告文件→点击右键→"Select all"→"Copy 或 Save as text"，即可把数据文件进行转移，还可直接倒为 Excel 格式。

5．完全开关机

开机：（1）确认 N_2 与 He 气阀打开，且压力显示为 0.1MPa。（2）打开仪器后面的开关总阀，仪器自检约需 10min。（3）打开 PC 电源，在桌面上找到并双击"AS1win"程序图标。点击"Operation"下的子目录"Show instrument message"与"Instrument status"，可查看仪器当前的状态信息。

关机："Sample station""P_0 station"以及"Outgassing sation"等都堵上不锈钢小圆柱

钉或样品管，然后关闭软件、电脑与仪器电源，关闭气瓶总阀。

6. 注意事项

（1）称量：理论上，比表面积越小，称样量应越大，但太大也不好。样品须大于 0.05g，才能保证称重误差小于 1%。

（2）样品管：管外不能残留水滴。

（3）安装、取下样品管应保持竖直，避免管口破碎。

（4）脱气：仪器脱气温度最高为 300℃。在样品能承受温度情况下，温度越高越好。如果样品耐受温度低，则一般低温下脱气过夜。

（5）液氮：测试完一个样品，观察分析站冷阱高度，可估计液氮液面位置。一般每次测试前将分析站剩余液氮倒入冷阱罐中，分析站重新灌装至距杯深 2/3 处。

（6）堵孔：仪器面板上不使用的装样位须安装不锈钢小圆柱钉。

五、实验报告要求

1. 简述实验目的和实验原理；

2. 详细记录实验过程参数；

3. 对样品测试曲线进行分析。

思考题

1. BET 比表面积测试的假设条件是什么？

2. BET 等温吸附曲线中有几个吸附阶段（$p/p_0 = 0 \sim 1$），分别对应哪些相对压力范围，有何作用？

3. 为什么要在测试之前先对样品进行预脱附？

4. 朗格缪尔与 BET 方程分析比表面积的主要区别是什么？

第六章　信息敏感材料及器件基础实验

实验一　铁磁体磁滞回线测定

一、实验目的

1. 认识铁磁物质的磁化规律，比较两种典型的铁磁物质的动态磁化特性；
2. 掌握铁磁材料磁滞回线的概念；
3. 学会用示波器测绘动态磁滞回线的原理和方法；
4. 学会测定样品的基本磁化曲线，作 μ-H 曲线；
5. 学会测定样品的 H_C、B_r、H_m 和 B_m 等参数；
6. 学会测绘样品的磁滞回线，估算其磁滞损耗。

二、实验仪器

1. 示波器；
2. 铁磁体磁滞回线测定仪。

三、实验原理

1. 铁磁材料的磁滞特性

铁磁物质是一种性能特异，用途广泛的材料。铁、钴、镍及其众多合金以及含铁的氧化物（铁氧体）均属于铁磁物质。其特性之一是在外磁场作用下能被强烈磁化，故磁导率 $\mu = B/H$ 很高。另一特征是磁滞，铁磁材料的磁滞现象是反复磁化过程中磁场强度 H 与磁感应强度 B 之间关系的特性。即磁场作用停止后，铁磁物质仍保留磁化状态，图 6-1 为铁磁物质的磁感应强度 B 与磁场强度 H 之间的关系曲线。

将一块未被磁化的铁磁材料放在磁场中进行磁化，图中的原点 O 表示磁化之前铁磁物质处于磁中性状态，即 $B = H = 0$，当磁场强度 H 从零开始增加时，磁感应强度 B 随之从零缓慢上升，如曲线 Oa 所示，继之 B 随 H 迅速增长，如曲线 ab 所示，其后 B 的增长又趋缓慢，并当 H 增至 H_S 时，B 达到饱和值 B_S，这个过程的 $OabS$ 曲线称为起始磁化曲线。如果在达到饱和状态之后使磁场强度 H 减小，这时磁感应强度 B 的值也要减小。图 6-1 表明，当磁场从 H_S 逐渐减小至零，磁感应强度 B 并不沿起始磁化曲线恢复到"O"点，而是沿另一条新的曲线 SR 下降，对应的 B 值比原先的值大，说明铁磁材料的磁化过程是不可逆的过程。比较线段 OS 和 SR 可知，H 减小 B 相应也减小，但 B 的变化滞后于 H 的变化，这种现象称为磁滞。磁滞的明显特征是当 $H = 0$ 时，磁感应强度 B 值并不等于 0，而是保留一定大小的剩磁 B_r。

当磁场反向从 O 逐渐变至 $-H_D$ 时，磁感应强度 B 消失，说明要消除剩磁，可以施加反向磁场。当反向磁场强度等于某一定值 H_D 时，磁感应强度 B 值才等于 0，H_D 称为矫顽力，它的大小反映铁磁材料保持剩磁状态的能力，曲线 RD 称为退磁曲线。如再增加反向磁场的磁场强 H，铁磁材料又可被反向磁化达到反方向的饱和状态，逐渐减小反向磁场的磁场强度至 0 时，B 值减小为 B_r。这时再施加正向磁场，B 值逐渐减小至 0 后又逐渐增大至饱和状态。

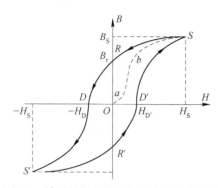

图 6-1　铁磁材料起始磁化曲线和磁滞回线

图 6-1 还表明，当磁场按 $H_S \to O \to H_D \to -H_S \to O \to H_{D'} \to H_S$ 次序变化，相应的磁感应强度 B 则沿闭合曲线 $SRDS'R'D'S$ 变化，可以看出磁感应强度 B 值的变化总是滞后于磁场强度 H 的变化，这条闭合曲线称为磁滞回线。当铁磁材料处于交变磁场中时（如变压器中的铁心），将沿磁滞回线反复被磁化→去磁→反向磁化→反向去磁。磁滞是铁磁材料的重要特性之一，研究铁磁材料的磁性就必须知道它的磁滞回线。各种不同铁磁材料有不同的磁滞回线，主要是磁滞回线的宽、窄不同和矫顽力大小不同。

当铁磁材料在交变磁场作用下反复磁化时将会发热，要消耗额外的能量，因为反复磁化时磁体内分子的状态不断改变，所以分子振动加剧，温度升高。使分子振动加剧的能量是产生磁场的交流电源供给的，并以热的形式从铁磁材料中释放，这种在反复磁化过程中能量的损耗称为磁滞损耗，理论和实践证明，磁滞损耗与磁滞回线所围面积成正比。

应该说明，当初始状态为 $H = B = 0$ 的铁磁材料，在交变磁场强度由弱到强依次进行磁化，可以得到面积由小到大向外扩张的一簇磁滞回线，如图 6-2 所示，这些磁滞回线顶点的连线称为铁磁材料的基本磁化曲线。

基本磁化曲线上点与原点连线的斜率称为磁导率，由此可近似确定铁磁材料的磁导率 $\mu = \dfrac{B}{H}$，它表征在给定磁场强度条件下单位 H 所激励出的磁感应强度 B，直接表示材料磁化性能强弱。从磁化曲线上可以看出，因 B 与 H 非线性，铁磁材料的磁导率 μ 不是常数，而是随 H 而变化，如图 6-3 所示。当铁磁材料处于磁饱和状态时，磁导率减小较快。曲线起始点对应的磁导率称为初始磁导率，磁导率

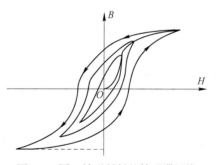

图 6-2　同一铁磁材料的簇磁滞回线

的最大值称为最大磁导率，这两者反映 μ-H 曲线的特点。另外铁磁材料的相对磁导率 $\mu_0 = B/B_0$ 可高达数千乃至数万，这一特点是它用途广泛的主要原因之一。

可以说，磁化曲线和磁滞回线是铁磁材料分类和选用的主要依据。图 6-4 为常见的两种典型的磁滞回线。其中，软磁材料的磁滞回线狭长、矫顽力小（$< 10^2 \text{A/m}$）、剩磁和磁滞损耗均较小，磁滞特性不显著，可以近似地用它的起始磁化曲线来表示其磁化特性。这种材料容易磁化，也容易退磁，是制造变压器、继电器、电机、交流磁铁和各种高频电磁

元件的主要材料。而硬磁材料的磁滞回线较宽，矫顽力大（$>10^2\mathrm{A/m}$），剩磁强，磁滞回线所包围的面积肥大，磁滞特性显著，因此硬磁材料经磁化后仍能保留很强的剩磁，并且这种剩磁不易消除，可用来制造永磁体。

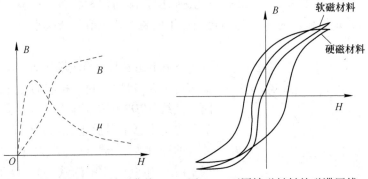

图 6-3　铁磁材料 $\mu\text{-}H$ 关系曲线　　　　图 6-4　不同铁磁材料的磁滞回线

2. 示波器测绘磁滞回线原理

观察和测量磁滞回线和基本磁化曲线的线路如图 6-5 所示。

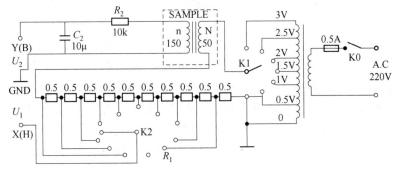

图 6-5　智能磁滞回线实验线路

待测样品为 EI 型硅钢片，N 为励磁绕组，n 为用来测量磁感应强度 B 而设置的绕组。R_1 为励磁电流取样电阻，设通过 N 的交流励磁电流为 i，根据安培环路定律，样品的磁场强度为：

$$H = \frac{N_i}{L}, \quad \because i = \frac{u_1}{R_1}, \quad \therefore H = \frac{N}{LR_1} \times U_1 \tag{6-1}$$

式中，N、L、R_1 均为已知常数；L 为样品的平均磁路。磁场强度 H 与示波器 X 输入 U_1 成正比。所以由 U_1 可确定 H。

在交变磁场下，样品的磁感应强度瞬时值 B 是由测量绕组 n 和 R_2C_2 电路确定的。根据法拉第电磁感应定律，由于样品中的磁通 φ 的变化，在测量线圈中产生的感应电动势的大小为：

$$\varepsilon_2 = n\frac{\mathrm{d}\varphi}{\mathrm{d}t}, \quad \varphi = \frac{1}{n}\int\varepsilon_2\mathrm{d}t, \quad B = \frac{\varphi}{S} = \frac{1}{nS}\int\varepsilon_2\mathrm{d}t \tag{6-2}$$

式中，S 为样品的横截面积。

考虑到测量绕组 n 较小，如果忽略自感电动势和电路损耗，则回路方程为：

$$\varepsilon_2 = i_2 R_2 + U_2 \tag{6-3}$$

设在 Δt 时间内，i_2 向电容 C_2 的充电电量为 Q，则：

$$U_2 = \frac{Q}{C_2}, \quad \varepsilon_2 = i_2 R_2 + \frac{Q}{C_2} \tag{6-4}$$

式中，i_2 为感生电流；U_2 为积分电容；C_2 为两端电压。如果选取足够大的 R_2 和 C_2，使得 $i_2 R_2 \gg \dfrac{Q}{C_2}$，则上式可以近似改写为：

$$\varepsilon_2 = i_2 R_2$$

由 $i_2 = \dfrac{\mathrm{d}Q}{\mathrm{d}t} = C_2 \dfrac{\mathrm{d}U_2}{\mathrm{d}t}$，则：

$$\varepsilon_2 = C_2 R_2 \frac{\mathrm{d}U_2}{\mathrm{d}t} \tag{6-5}$$

将式（6-5）两边对时间 t 积分，代入式（6-2）可得：

$$B = \frac{C_2 R_2}{nS} U_2 \tag{6-6}$$

式中，C_2、R_2、n 和 S 均为已知常数。磁场强度 B 与示波器 Y 输入 U_2 成正比，所以由 U_2 可确定 B。

在交流磁化电流变化的一个周期内，示波器的光点将描绘出一条完整的磁滞回线，并在以后每个周期都重复此过程，这样在示波器的荧光屏上可以看到稳定的磁滞回线。综上所述，将图 6-5 中的 U_1 和 U_2 分别加到示波器的"X 输入"和"Y 输入"便可观察样品的 B-H 曲线；如将 U_1 和 U_2 加到测试仪的信号输入端可测定样品的饱和磁感应强度 B_S、剩磁 R_r、矫顽力 H_D、磁滞损耗 $[BH]$ 以及磁导率 μ 等参数。

四、实验内容

1. 电路连接：选样品 1 按实验仪上所给的电路图连接线路，并令 $R_1 = 2.5\Omega$ "U 选择"置于 O 位。U_H 和 U_B（即 U_1 和 U_2）分别接示波器的"X 输入"和"Y 输入"，插孔 $\perp$ 为公共端。

2. 样品退磁：开启实验仪电源，对试样进行退磁，即顺时针方向转动"U 选择"旋钮，令 U 从 0 增至 3V，然后逆时针方向转动旋钮，将 U 从最大值降为 0，其目的是消除剩磁，确保样品处于磁中性状态，即 $B = H = 0$。退磁示意图如图 6-6 所示。

3. 观察磁滞回线：开启示波器电源，调节示波器，令光点位于荧光屏坐标网格中心，令 $U = 2.2$V，并分别调节示波器 x 和 y 轴的灵敏度，使荧光屏上出现图形大小合适的磁滞回线（若图形顶部出现编织状的小环，如图 6-7 所示，这时可降低励磁电压 U 予以消除）。

4. 观察基本磁化曲线，按步骤 2 对样品进行退磁，从 $U = 0$ 开始，逐档提高励磁电压，将在荧光屏上得到

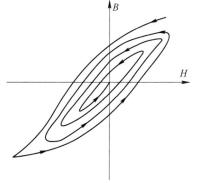

图 6-6　退磁示意图

面积由小到大一个套一个的一簇磁滞回线。这些磁滞回线顶点的连线就是样品的基本磁化曲线，借助长余辉示波器，便可观察到该曲线的轨迹。

5. 观察、比较样品 1 和样品 2 的磁化性能。

6. 测绘 $\mu\text{-}H$ 曲线：仔细阅读测试仪的使用说明，连接实验仪和测试仪之间的信号连线。开启电源，对样品进行退磁后，依次测定 $U = 0.5$，1.0，$\cdots$，3.0V 时的十组 H_m 和 B_m 值，作 $\mu\text{-}H$ 曲线。

7. 令 $U = 3.0$V，$R_1 = 2.5\Omega$ 测定样品 1 的 H_C、B_r、H_m、B_m 和 $[BH]$ 等参数。

8. 取步骤 7 中的 H 和其相应的 B 值，用坐标纸绘制 $B\text{-}H$ 曲线（如何取数？取多少组数据？自行考虑），并估算曲线所围面积。

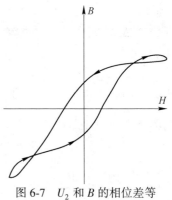

图 6-7　U_2 和 B 的相位差等因素引起的畸变

五、注意事项

1. 严格按照实验流程操作；
2. 注意安全。

六、实验数据记录（表 6-1、表 6-2）

表 6-1　基本磁化曲线与 $\mu\text{-}H$ 曲线

U/V	$H \times 10^4/\text{A} \cdot \text{m}^{-1}$	$B \times 10^2/\text{T}$	$\mu(=B/H)/\text{H} \cdot \text{m}^{-1}$
0.5			
1.0			
1.2			
1.5			
1.8			
2.0			
2.2			
2.5			
2.8			
3.0			

表 6-2　$B\text{-}H$ 曲线

$H_C =$　　　$B_r =$　　　$H_m =$　　　$B_m =$　　　$[BH] =$

No.	$H \times 10^4/\text{A} \cdot \text{m}^{-1}$	$B \times 10^2/\text{T}$	No.	$H \times 10^4/\text{A} \cdot \text{m}^{-1}$	$B \times 10^2/\text{T}$	No.	$H \times 10^4/\text{A} \cdot \text{m}^{-1}$	$B \times 10^2/\text{T}$

No.	$H \times 10^4 / A \cdot m^{-1}$	$B \times 10^2 / T$	No.	$H \times 10^4 / A \cdot m^{-1}$	$B \times 10^2 / T$	No.	$H \times 10^4 / A \cdot m^{-1}$	$B \times 10^2 / T$

思考题

1. 为什么有时磁滞回线图形顶部出现编织状的小环，如何消除？

2. 在测绘磁滞回线和基本磁化曲线时，为什么要先退磁？如果不退磁对测绘结果有什么影响？

实验二　压电陶瓷 D_{33} 系数测定

一、实验目的

1. 掌握准静态 d_{33} 测试仪的使用方法以及测量压电常数 d_{33}；

2. 熟悉压电材料压电效应的基本原理；

3. 理解温度对压电陶瓷片性能的影响。

二、实验仪器

1. YE2730A 准静态压电常数 d_{33} 测试仪；

2. PZT 压电陶瓷样品；

3. $BaTiO_3$ 压电陶瓷样品。

三、实验原理

压电材料（piezoelectric material），受到压力作用时会在两端面间出现电压的晶体材料。1880 年，法国物理学家 P. 居里和 J. 居里兄弟发现，把重物放在石英晶体上，晶体某些表面会产生电荷，电荷量与压力成比例。这一现象被称为压电效应。

1. 压电效应

某些物质，当沿着一定方向施加压力或拉力时，会发生形变，其内部就产生极化现象，同时，其外表面上产生极性相反的电荷；当外力撤掉后，又恢复到不带电的状态；当作用力方向反向时，电荷极性也相反；电荷量与外力大小成正比。这种现象叫正压电效应，如图 6-8 所示。

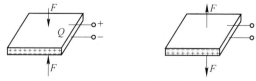

图 6-8　正压电效应

反之，当对某些物质在极化方向上施加一定电场时，材料将产生机械形变，当外电场撤销时，形变也消失，这叫逆压电效应，也叫电致伸缩。压电效应的可逆性如图6-9所示。利用这一特性可实现机–电能量的相互转换。

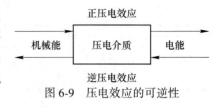

图6-9　压电效应的可逆性

压电式传感器大都采用压电材料的正压电效应制成。大多数晶体都具有压电效应，而多数晶体的压电效应都十分微弱。随着对压电材料的深入研究，发现石英晶体和人造压电陶瓷是性能优良的压电材料。

2. 压电陶瓷的压电效应

压电陶瓷是一种经过极化处理后的人工多晶铁电体。多晶是指它由无数细微的单晶组成，所谓铁电体是指它具有类似铁磁材料磁畴的电畴结构，每个单晶形成一单个电畴，这种自发极化的电畴在极化处理之前，各晶粒内的电畴按任意方向排列，自发极化的作用相互抵消，陶瓷的极化强度为零，因此，原始的压电陶瓷呈现各向同性而不具有压电性。为使其具有压电性，就必须在一定温度下做极化处理。

所谓极化处理，是指在一定温度下，以强直流电场迫使电畴自发极化的方向转到与外加电场方向一致，作规则排列，此时压电陶瓷具有一定的极化强度，再使温度冷却，撤去电场，电畴方向基本保持不变，余下很强的剩余极化电场，从而呈现压电性，即陶瓷片的两端出现束缚电荷，一端为正，另一端为负。陶瓷极化过程如图6-10所示。由于束缚电荷的作用，在陶瓷片的极化两端很快吸附一层来自外界的自由电荷，这时束缚电荷与自由电荷数值相等，极性相反，故此陶瓷片对外不呈现极性，如图6-11所示。

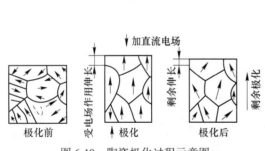

图6-10　陶瓷极化过程示意图

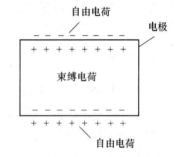

图6-11　束缚电荷与自由电荷排列示意图

如果在压电陶瓷片上加一个与极化方向平行的外力，陶瓷片产生压缩变形，片内的束缚电荷之间距离变小，电畴发生偏转，极化强度变小，因此吸附在其表面的自由电荷，有一部分被释放而呈现放电现象。当撤销压力时，陶瓷片恢复原状，极化强度增大，因此又吸附一部分自由电荷而出现充电现象。这种因受力而产生的机械效应转变为电效应，将机械能转变为电能，就是压电陶瓷的正压电效应。放电电荷的多少与外力呈正比例关系：

$$Q = d_{33}F \tag{6-7}$$

式中，d_{33} 为压电陶瓷的压电系数；F 为作用力。

压电陶瓷在极化方向上的压电效应最明显。把极化方向叫 Z 轴，垂直于 Z 轴平面上的任何直线都可作为 X 轴（或 Y 轴）。压电陶瓷的压电系数比石英晶体的大得多，所以采用压电陶瓷制作的压电式传感器的灵敏度较高，但剩余极化强度和特性受温度影响较大。最早使用的压电陶瓷材料是钛酸钡（$BaTiO_3$）。它是由碳酸钡和二氧化钛按一定比例混合后烧结而成。它的压电系数约为石英的 50 倍，但使用温度较低，最高只有 70℃，温度稳定性和机械强度都不如石英。

目前使用较多的压电陶瓷是锆钛酸铅（PZT 系列），它是钛酸钡和锆酸铅（$PbZrO_3$）组成的 $Pb(ZrTi)O_3$。它有较高的压电系数和较高的工作温度。由于铅对环境污染较大，因此无铅压电陶瓷成为了近年来研究的热点。在无铅压电陶瓷之中，$BaTiO_3$ 压电陶瓷制作工艺简单、成本较低，因此在无铅压电陶瓷的发展前期，钛酸钡压电陶瓷备受关注。

3. 压电参数的测量方法

压电陶瓷材料的压电参数的测量方法甚多，有电测法、声测法、力测法和光测法等，这些方法中以电测法的应用最为普遍。在利用电测法进行测试时，由于压力体对力学状态极为敏感，因此，按照被测样品所处的力学状态，又可划分为动态法、静态法和准静态法等。本实验采取静态法测试样品的 d_{33} 数值。

静态法是被测样品处于不发生交变形变的测试方法，是测试压电常数常用的方法。测试过程中，在样品上加一定大小和反方向的力，根据压电效应，样品将因形变而产生一定的电荷。

根据 $D_{33} = d_{33}T_3$ 可知，若施加力为 F_3，则在电极上产生的总电荷为 $Q_3 = d_{33}F_3$。

静态法的测量示意图装置如图 6-12 所示，线路中的电容 C 的作用是为了使样品所产生的电荷都能释放到电容上。因此，要求电容 C 越大越好，一般选择的为样品电容的几十到一百倍的低损耗电容。

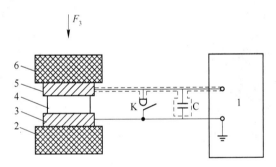

图 6-12　静态法测量压电常数装置图

1—静电计；2，6—加压装置的绝缘座；3，5—加压装置的上下引出电极；4—试样；

C—并联电容器；K—短路开关；F_3—施加于试样的力

测量时，为了避免施加力 F_3 时会有附加冲击力而引起测量误差，一般加压时会合上电键 K，使样品短路而清除加压所产生的电荷。去压时先打开电键 K，使样品上所产生的电荷全部释放到电容上，用静电计测其电压 V_3(V)，用下式求出：

$$Q_3 = (C + C_3)V_3 \tag{6-8}$$

式中，C_3 为样品的静电容，F；C 为外加并联电容，F；V_3 为电压，V。

四、实验内容

1. 首先开机预热 15min，显示部分调整为 d_{33} 以及 ×1（图 6-13）。

2. 测量样品的压电常数前，必须先对仪器进行校正。取出校正规，将夹具夹住校正

图 6-13 开机预热

规。需要注意的是：旋转钮的旋转程度，以旋转到无声振动为准。

3. 旋转校正钮，直至显示屏为 499 为止（图 6-14）。

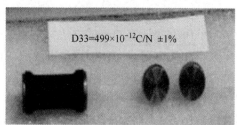

D33=499×10^{-12}C/N ±1%

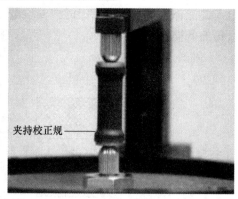

图 6-14 仪器校正

4. 完成校正后，取出校正规，换待测样品，测量压电材料的压电常数 d_{33}；同样，旋转钮的旋转程度以无声振动为准。

5. 采用加热台设置不同温度（50～350℃）用于加热压电陶瓷片。

6. 测量并记录不同温度处理后样品的压电常数数值。

数据记录如表 6-3 所示。

表 6-3 样品不同温度压电常数的数据记录

BaTiO$_3$	温度	室温（25℃）	75℃	150℃		
	d_{33}					
PZT	温度	室温（25℃）	150℃	250℃	300℃	350℃
	d_{33}					

五、注意事项

1. 严格按照实验流程操作；
2. 注意安全。

思考题

1. 为什么压电陶瓷在测试压电性能前，必须要进行极化处理？
2. 举例说明正压电效应的应用。
3. 压电材料的压电性能参数主要有哪些？

实验三　半导体器件光敏特性测试

一、实验目的

了解光敏电阻的基本特性，测出伏安特性曲线和光照特性曲线。

二、实验原理

FB716-Ⅲ型（光电传感器）设计性实验装置，其结构如图 6-15 所示。该实验仪由光敏电阻、光敏二极管、光敏三极管、硅光电池、光纤、光耦六种光敏传感器及可调光源、电阻箱、九孔实验板与光学暗筒、数字万用表等组成。

图 6-15　光电传感器实验仪

1. 光学暗筒

为消除杂散光对实验的影响，工作时照明光路是置于暗筒中进行。光学暗筒的结构：一头装有光敏元件的安装盖，用统一大小的元件接插件固定在插口上，用线引入电路，另一端是装有白炽灯（12V）的可移动灯杆，杆身标有刻度，可以调节并读取光源与光敏元件的距离，以改变它们之间的相对照度。经白炽灯校准亮度后，用相对照度表比对。

2. 电源

本实验仪配有 JK-30 工作电源，图 6-16 为专用电源面板功能分布图。主要提供两路工作电压：一路光电源输出，供白炽灯发光，电压 0~12V 连续可调；另一路传感器工作电源，有 ±2V、±4V、±6V、±8V、±10V、±12V 档可选，以供实验的不同需要。

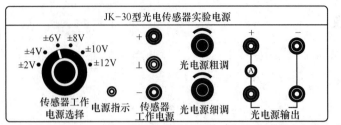

因为内部接有1Ω电阻，所以Ⓐ符号两端测量到的电压值即可读作输出电流"A"值

图 6-16　专用电源面板功能分布图

（光电传感器实验专用电源）

3. 其他实验配件

实验所用其他配件如图 6-17 所示。

4. 光敏特性测试原理

凡是能将光信号转换为电信号的传感器称为光敏传感器，也称为光电式传感器，它可用于检测直接由光强度变化引起的非电量，如光强、光照度等；也可用来检测能转换成光量变化的其他非电量，如零件直径、表面粗糙度、位移、速度、加速度及物体形状、工作状态识别等。光敏传感器具有非接触、响应快、性能可靠等特点，因而在工业自动控制及智能机器人中得到广泛应用。

A　光电效应

光敏传感器的物理基础是光电效应，在光辐射作用下电子逸出材料的表面，产生光电子发射称为外光电效应，或光电子发射效应，基于这种效应的光电器件有光电管、光电倍增管等。电子并不逸出材料表面的则是内光电效应。光电导效应、光生伏特效应则属于内光电效应，即半导体材料的许多电学特性都因受到光的照射而发生变化。光电效应通常分为外光电效应和内光电效应两大类，几乎大多数光电控制应用的传感器都是此类，通常有光敏电阻、光敏二极管、光敏三极管、硅光电池等。

（1）光电导效应。当光照射到某些半导体材料上时，透过到材料内部的光子能量足够大，某些电子吸收光子的能量，从原来的束缚态变成导电的自由态，这时在外电场的作用下，流过半导体的电流会增大，即半导体的电导会增大，这种现象叫光电导效应。它是一种内光电效应。

光电导效应可分为本征型和杂质型两类。前者是指能量足够大的光子使电子离开价带跃入导带，价带中由于电子离开而产生空穴，在外电场作用下，电子和空穴参与电导，使电导增加。杂质型光电导效应则是能量足够大的光子使施主能级中的电子或受主能级中的空穴跃迁到导带或价带，从而使电导增加。杂质型光电导的长波线比本征型光电导的要长得多。

（2）光生伏特效应。在无光照时，半导体 PN 结内部有自建电场。当光照射在 PN 结及其附近时，在能量足够大的光子作用下，在结区及其附近就产生少数载流子（电子、空穴对）。载流子在结区外时，靠扩散进入结区；在结区中时，则因电场 E 的作用，电子漂移到 N 区，空穴漂移到 P 区。结果使 N 区带负电荷，P 区带正电荷，产生附加电动势，此电动势称为光生电动势，此现象称为光生伏特效应。

B　光敏传感器的基本特性

光敏传感器的基本特性包括伏安特性、光照特性等。

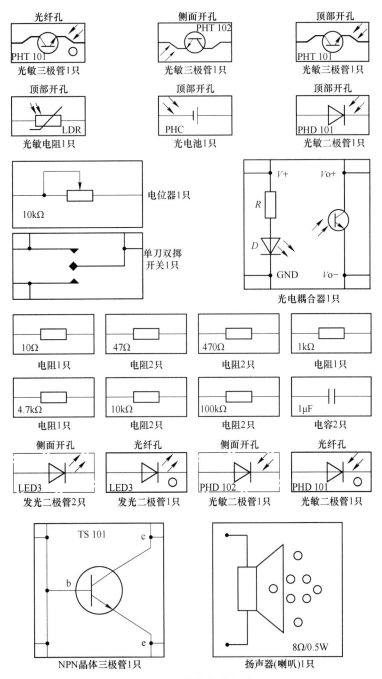

图 6-17　其他实验配件

（1）伏安特性。光敏传感器在一定的入射光照度下，光敏元件的电流 I 与所加电压 U 之间的关系称为光敏器件的伏安特性。改变照度则可以得到一簇伏安特性曲线。它是传感器应用设计时的重要依据。

（2）光照特性。光敏传感器的光谱灵敏度与入射光强之间的关系称为光照特性，有时光敏传感器的输出电压或电流与入射光强之间的关系也称为光照特性，光照特性是光敏传感器应用设计时选择参数的重要依据之一。

掌握光敏传感器基本特性的测量方法，为合理应用光敏传感器打好基础。本实验主要是研究光敏电阻、硅光电池、光敏二极管、光敏三极管四种光敏传感器的基本特性。

1）光敏电阻：

利用具有光电导效应的半导体材料制成的光敏传感器称为光敏电阻。目前光敏电阻应用得极为广泛，其工作过程为，当光敏电阻受到光照时，发生内光电效应，光敏电阻电导率的改变量为：

$$\Delta\sigma = \Delta p e \mu_{p} + \Delta n e \mu_{n} \tag{6-9}$$

式中，e 为电荷电量；Δp 为空穴浓度的改变量；Δn 为电子浓度的改变量；μ 为迁移率。当两端加上电压 U 后，光电流为：

$$I_{ph} = \frac{A}{d}\Delta\sigma U \tag{6-10}$$

式中，A 为与电流垂直的表面积；d 为电极间的间距。在一定的光照度下，$\Delta\sigma$ 为恒定的值，因而光电流和电压呈线性关系。

光敏电阻的伏安特性如图 6-18 所示，不同的光照度可以得到不同的伏安特性，表明电阻值随光照度发生变化。在照度不变的情况下，电压越高，光电流也越大，而且没有饱和现象。当然，与一般电阻一样光敏电阻的工作电压和电流都不能超过规定的最高额定值。

光敏电阻的光照特性则如图 6-19 所示。不同的光敏电阻其光照特性是不同的，但是在大多数的情况下，曲线的形状都与图 6-19 的结果相类似。由于光敏电阻的光照特性是非线性的，因此不适宜作线性光敏元件，这是光敏电阻的缺点之一。所以在自动控制中光敏电阻常用作开关量的光电传感器。

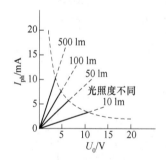

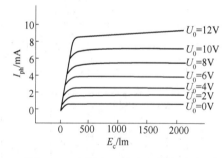

图 6-18　光敏电阻的伏安特性曲线　　　　图 6-19　光敏电阻的光照特性曲线

2）硅光电池：

硅光电池是目前使用最为广泛的光伏探测器之一。它的特点是工作时不需要外加偏压，接收面积小，使用方便。缺点是响应时间长。图 6-20 为硅光电池的伏安特性曲线。在一定的光照度下，硅光电池的伏安特性呈非线性。

当光照射硅光电池的时候，将产生一个由 N 区流向 P 区的光生电流 I_{ph}；同时由于 PN 结二极管的特性，存在正向二极管电流 ID，此电流方向与光生电流方向相反。所以实际获得的电流为：

$$I = I_{ph} - I_{D} = I_{ph} - I_{0}\left[\exp\left(\frac{eV}{nk_{B}T}\right) - 1\right] \tag{6-11}$$

式中，V 为结电压；I_{0} 为二极管反向饱和电流；n 为理想系数，表示 PN 结的特性，通常在 1 和 2 之间；k_B 为玻耳兹曼常数；T 为绝对温度。短路电流是指负载电阻相对于光电池的内阻来讲是很小的时候的电流。在一定的光照度下，当光电池被短路时，节电压 $V = 0$，从而有：

$$I_{SC} = I_{ph} \tag{6-12}$$

负载电阻在 $\leqslant 20\Omega$ 时，短路电流与光照有比较好的线性关系，负载电阻过大，则线性会变坏。

开路电压则是指负载电阻远大于光电池的内阻时硅光电池两端的电压。而当硅光电池的输出端开路时有 $I = 0$，由式（6-12）、式（6-13）可得开路电压为：

$$V_{OC} = \frac{n k_B T}{q} \ln\left(\frac{I_{SC}}{I_0} = 1 \right) \tag{6-13}$$

图 6-21 为硅光电池的光照特性曲线。开路电压与光照度之间为对数关系，因而具有饱和性。因此，把硅光电池作为敏感元件时，应该把它当作电流源的形式使用，即利用短路电流与光照度成线性的特点，这是硅光电池的主要优点。

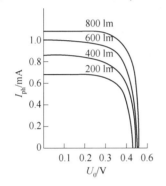

图 6-20　硅光电池的伏安特性曲线

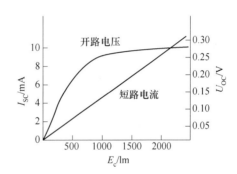

图 6-21　硅光电池的光照特性曲线

三、实验内容

相对照度的调校：

由于白炽灯存在差异，所以实验前通过调节光电源的电压，改变白炽灯亮度，直至达到硅光电池模块标签纸上厂方所标定照度数据（零刻度（0cm）处），则校准了一个相对照度（据离开光源不同距离处的照度与距离平方成反比计算出）。

1. 硅光电池的校准测试

（1）实际接线见实验线路如图 6-22、图 6-23 所示。

（2）暗筒相对照度参考表见表 6-4。

表 6-4　暗筒相对照度参考表

刻度数/cm	0	1	3	5	7	9
照度/lm						
刻度数/cm	11	13	15	17	19	
照度/lm						

注：刻度数是指灯杆刻度数（cm），白炽灯到硅光电池间实际距离为：刻度数+2.0（cm）

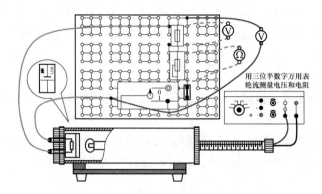

图 6-22　硅光电池伏安特性测量实际接线图

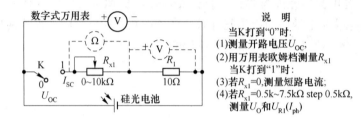

图 6-23　硅光电池伏安特性测试电路图

2. 光敏电阻的特性测试

（1）光敏电阻的伏安特性测试：

1）按图 6-24 接好实验线路，光源用白炽灯。将检测用光敏电阻装入待测点。

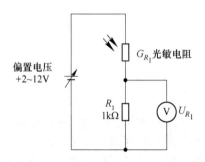

图 6-24　光敏电阻的伏安特性测量电路

2）光敏电阻的伏安特性测量实验实际接线图如图 6-25 所示。先将光源调至标定光照度，在此光照条件下，改变光敏电阻电路的偏置电压：

+2V、+4V、+6V、+8V、+10V、+12V 时，测出电阻 R_1 两端电压 U_{R_1}，从而计算得到 6 个光电流数据 $I_{ph} = \dfrac{U_{R_1}}{1.00\text{k}\Omega}$，同时计算出光敏电阻的阻值，即 $R_g = \dfrac{U_{CC} - U_{R_1}}{I_{ph}}$。以后调节相对照度重复上述实验，其测试结果如表 6-5~表 6-7 所示。（要求至少在三个不同照度下重复以上实验）。

3）根据实验数据画出光敏电阻的一簇伏安特性曲线。

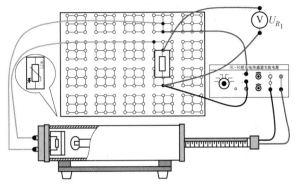

图 6-25 光敏电阻的伏安特性测量实验实际接线图

表 6-5 光敏电阻伏安特性测试数据记录表 （照度： lm）

偏置电压/V	2	4	6	8	10	12
U_{R_1}/V						
I_{ph}/A						
R_g/Ω						

表 6-6 光敏电阻伏安特性测试数据记录表 （照度： lm）

偏置电压/V	2	4	6	8	10	12
U_{R_1}/V						
I_{ph}/A						
R_g/Ω						

表 6-7 光敏电阻伏安特性测试数据记录表 （照度： lm）

偏置电压/V	2	4	6	8	10	12
U_{R_1}/V						
I_{ph}/A						
R_g/Ω						

（2）光敏电阻的光照特性测试：

1）按图 6-24 接好实验线路，光源用白炽灯，将检测用光敏电阻装入待测点。

2）从 $U_{cc}=0$ 开始到 $U_{cc}=12V$，每次在一定的外加电压下测出光敏电阻在相对光照度从"强光"到逐步减弱（查附表，移动灯杆）的光电流数据，即 $I_{ph}=\dfrac{U_{R_1}}{1.00k\Omega}$，同时算出此时光敏电阻的阻值，即 $R_g=\dfrac{U_{cc}-U_{R_1}}{I_{ph}}$。这里要求至少测出 10 个不同照度下的光电流数据，尤其要在弱光位置选择较多的数据点，以使所得到的数据点能够绘出完整的光照特性曲线，表 6-8~表 6-10 为测试数据记录表。

表6-8　光敏电阻光照特性测试数据记录表（偏置电压：8V）

刻度数/cm	1	3	5	7	9	11	13	15	17	19
光照度/lm										
U_{R_1}/V										
I_{ph}/A										
R_g/Ω										

表6-9　光敏电阻光照特性测试数据记录表（偏置电压：10V）

刻度数/cm	1	3	5	7	9	11	13	15	17	19
光照度/lm										
U_{R_1}/V										
I_{ph}/A										
R_g/Ω										

表6-10　光敏电阻光照特性测试数据记录表（偏置电压：12V）

刻度数/cm	1	3	5	7	9	11	13	15	17	19
光照度/lm										
U_{R_1}/V										
I_{ph}/A										
R_g/Ω										

3）根据实验数据画出光敏电阻的一组光照特性曲线。

3. 光敏二极管的特性测试实验

（1）光敏二极管的伏安特性测试实验：

1）按仪器图6-26连接好实验线路，光源用白炽灯，将硅光敏二极管装入暗筒中待测元件插座。

2）将可调光源调至标定光照度，在此光照条件下，测出加在光敏二极管上的反偏电压与产生的光电流的关系数据，其中光电流 $I_{ph} = \dfrac{U_{R_1}}{1.00\text{k}\Omega}$（$R_1 = 1.00\text{k}\Omega$ 为取样电阻），以后逐步调大光照度（查附表，移动灯杆，3次），重复上述实验，表6-11～表6-13为测试数据记录表。

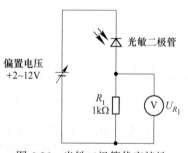

图6-26　光敏二极管伏安特性测试电路图

表6-11　光敏二极管伏安特性测试数据表（照度：　lm）

偏置电压/V	2	4	6	8	10	12
R_1/Ω	1.00kΩ					
U_{R_1}/V						
光电流/A						

表 6-12 光敏二极管伏安特性测试数据记录表（照度： lm）

偏置电压/V	2	4	6	8	10	12
R_1/Ω			1.00kΩ			
U_{R_1}/V						
光电流/A						

表 6-13 光敏二极管伏安特性测试数据记录表（照度： lm）

偏置电压/V	2	4	6	8	10	12
R_1/Ω			1.00kΩ			
U_{R_1}/V						
光电流/A						

3）根据实验数据画出光敏二极管的一簇光照特性曲线。

（2）光敏二极管的光照度特性测试：

1）实验线路同图 6-26。

2）选择一定的反偏压，每次在一定的反偏压下测出光敏二极管在从"强光"到逐步减弱的光电流数据，其中 $I_{ph} = \dfrac{U_{R_1}}{1.00\mathrm{k}\Omega}$（$R_1 = 1.00\mathrm{k}\Omega$ 为取样电阻）。这里要求至少测出 3 个不同的反偏电压下的数据，表 6-14～表 6-16 为测试数据记录表。

表 6-14 光敏二极管光照特性测试数据记录表（偏置电压：8V）

刻度数/cm	1	3	5	7	9	11	13	15	17	19
光照度/lm										
U_{R_1}/V										
光电流/A										

表 6-15 光敏二极管光照特性测试数据记录表（偏置电压：10V）

刻度数/cm	1	3	5	7	9	11	13	15	17	19
光照度/lm										
U_{R_1}/V										
光电流/A										

表 6-16 光敏二极管光照特性测试数据记录表（偏置电压：12V）

刻度数/cm	1	3	5	7	9	11	13	15	17	19
光照度/lm										
U_{R_1}/V										
光电流/A										

3）根据实验数据画出光敏二极管的一簇光照特性曲线。

四、注意事项

1. 严格按照实验流程操作；
2. 注意安全。

实验四 具有光致变色效应材料的制备及其性能

一、实验目的

1. 了解 WO_3/CdS 复合材料的光致变色的原理；
2. 熟悉一种制备纳米 CdS 颗粒的方法。

二、实验原理

1. 先将硫源和镉源分散在 WO_3 的均匀悬浊液中，然后在水浴条件下，利用反应：

$$Cd^{2+} + S^{2-} \longrightarrow CdS \downarrow \tag{6-14}$$

并且生成的 CdS 直接在 WO_3 表面成核并生长成纳米颗粒。

2. WO_3/CdS 的光致变色原理：

$$WO_3 + h\nu \rightleftharpoons WO_3^* + e^- + h^+ \tag{6-15}$$

$$W^{6+} + e^- \rightleftharpoons W^{5+} \tag{6-16}$$

$$H_2O + 2h^+ \rightleftharpoons O + 2H^+ \tag{6-17}$$

$$WO_3 + xH^+ + xe^- \rightleftharpoons H_xWO_3 \tag{6-18}$$

三、实验材料和装置

1. 仪器（表6-17）

表6-17 仪器名称、规格和数量

仪器名称	规 格	数 量
超声机	500W	1台
磁力搅拌器	0~1200r/min	1台
分析天平	精度0.1mg	公用
氙灯	300W	1台
砂芯抽滤装置	1000mL	1台
恒温水浴锅	电机功率25W，加热功率600W	1台
磁子	1cm	1个
量筒	100mL	1只
烧杯	100mL	1只
滴管	5mL	若干

2. 试剂（表 6-18）

表 6-18　试剂名称、规格和数量

试剂名称	规　格	用　量
氧化钨（WO_3）	100nm	0.04g
乙酸镉	分析纯	1.48g
硫脲	分析纯	0.80g

四、实验步骤

1. 制备 WO_3 悬浊液

称取 40mg WO_3，分散于 60mL 去离子水中，并超声分散。

2. 纳米硫化镉颗粒的制备

称取 1.48g 乙酸镉加入到步骤 1 中的悬浊液中，继续搅拌 30min。然后再称取 0.8g 硫脲加入到悬浊液中，在 80℃水浴条件下，继续搅拌 30min 后，将体系中的固体沉淀分离、洗涤并且干燥。

3. 观察光致变色现象

将所得的固体沉淀物分散在甲醇溶液中（5mL 甲醇+25mL 去离子水），并在氙灯下照射 20min，观察分散体系在光照下的颜色变化情况。

五、注意事项

1. WO_3 需充分分散；

2. 在纳米硫化镉制备过程中，硫脲需要在乙酸镉充分溶解后再加入。

思考题

对于 WO_3/CdS 复合材料，材料颜色的改变主要与钨青铜 H_xWO_3 的生成有关，那么 CdS 在光致变色过程中可能会起到什么作用呢？

实验五　压电陶瓷的制备及其性能测试

一、实验目的

1. 了解压电陶瓷的基本性能、结构、用途、制备方法；

2. 了解压电陶瓷常见的表征方法及检测手段；

3. 掌握压电陶瓷材料压电、介电性能等性能测试方法；

4. 掌握压电陶瓷的性能分析方法；

5. 通过实验提高学生的动手能力、实验设计能力以及综合应用理论知识分析问题、解决问题的能力。

二、实验原理

压电陶瓷是一种能够将机械能和电能互相转换的信息功能陶瓷材料（压电效应）。压电陶瓷除具有压电性外，还具有介电性、弹性等，已被广泛应用于医学成像、声传感器、声换能器、超声马达等。压电陶瓷利用其材料在机械应力作用下，引起内部正负电荷中心相对位移而发生极化，导致材料两端表面出现符号相反的束缚电荷即压电效应而制作，具有敏感的特性。压电陶瓷主要用于制造超声换能器、水声换能器、电声换能器、陶瓷滤波器、陶瓷变压器、陶瓷鉴频器、高压发生器、红外探测器、声表面波器件、电光器件、引燃引爆装置和压电陀螺等。除了用于高科技领域，它更多的是在日常生活中为人们服务，为人们创造更美好的生活而努力。

压电陶瓷的原理是对这种陶瓷片施加压力还有存在一些拉力，导致它的两端会产生极性相反的一种电荷就是这样通过回路而变成了电流。这种效应叫作压电效应。如果把这种压电陶瓷做成换能器放在水中，那么在声波的功能效果下很快感应出电荷来，这就是声波的接收器。压电效应是可逆流的，比如是在压电陶瓷片上多加一个交变的电场，陶瓷片就会时而变薄时而加厚，还会产生振动以及发射声波。

主晶相的固相法合成是信息功能陶瓷材料制造过程中最重要的工序之一。对于锆钛酸铅压电陶瓷元件，经球磨、混合后已压实的坯件，通过合成这道工序，在一定条件下，可制出较为稳定的锆钛酸铅固溶体以及微量的极度不稳定的游离氧化铅、氧化锆、二氧化钛。确定合成条件的原则有两条：一是务必使配方各组分的固相反应完全，游离氧化物能达到最少；二是要防止配方各组分的还原以及氧化铅的大量挥发。

1. 低温阶段（室温至 200℃）

低温阶段实际上就是烘烤阶段。这一阶段主要是排除坯件中的水分及微量有机物，并无化学变化。坯件中的水分及有机物被排除后，取而代之的是空气，所以气孔率增加，相应地透气性随之增大，坯件体积密度减小，且体积呈现微量收缩。这一系列的变化都是物理变化，没有任何新化合物的生成。为使坯件中的残余水分和有机挥发物得到彻底干燥和充分排除，必须通风良好，炉门不能紧闭，容器不能密封。若坯件中含沙或水分过多，且升温速度太快，坯件很可能崩裂成碎块。

2. 分解、化合反应阶段（200～850℃）

采用不同种类铅的化合物时，合成固相反应的最高温度不相同。

当采用碱式碳酸铅 $2PbCO_3 \cdot Pb(OH)_2$ 或碳酸铅 $PbCO_3$ 时，600℃以前是分解反应阶段，生成 PbO：

$$PbCO_3 \longrightarrow PbO + CO_2 \uparrow \tag{6-19}$$

$$2PbCO_3 \cdot Pb(OH)_2 \longrightarrow PbO + CO_2 \uparrow + H_2O \tag{6-20}$$

620℃开始有形成钛酸铅 $PbTiO_3$ 的反应，到 770℃或 775℃时产生共溶液相，使反应加剧，到 850℃时 PZT 固溶体反应基本完成：

$$PbO + TiO_2 \longrightarrow PbTiO_3 \tag{6-21}$$

$$PbTiO_3 + ZrO_2 + PbO \longrightarrow Pb(Zr, Ti)O_3 \tag{6-22}$$

当采用红丹 Pb_3O_4 时，在 627℃左右脱氧，开始有形成 $PbTiO_3$ 的反应，到 650℃时反应明显，液相在 780℃出现，促使 PZT 反应加剧，到 850℃时反应基本完成：

$$Pb_3O_4 \longrightarrow PbO + O_2 \uparrow$$
$$PbO + TiO_2 \longrightarrow PbTiO_3 \tag{6-23}$$
$$PbTiO_3 + ZrO_2 + PbO \longrightarrow Pb(Zr, Ti)O_3 \tag{6-24}$$

当采用活性较差的氧化铅 PbO 时，开始形成 $PbTiO_3$ 的反应温度为 670℃，液相在810℃出现，反应到860℃时结束：

$$PbO + TiO_2 \longrightarrow PbTiO_3 \tag{6-25}$$
$$PbTiO_3 + ZrO_2 + PbO \longrightarrow Pb(Zr, Ti)O_3 \tag{6-26}$$

不同组分的反应历程不一样。就钛酸铅 $PbTiO_3$ 而言，Pb_3O_4 在 627℃脱氧后，生成有强烈反应能力的活性 PbO，立即与 TiO_2 反应，生成 $PbTiO_3$，到 700℃时反应基本完成：

$$Pb_3O_4 \longrightarrow PbO + O_2 \uparrow \tag{6-27}$$
$$PbO + TiO_2 \longrightarrow PbTiO_3 \tag{6-28}$$
$$Pb_3O_4 + TiO_2 \longrightarrow PbTiO_3 + O_2 \uparrow \tag{6-29}$$

Pb_3O_4 在 627℃脱氧后新生成有强烈反应能力的活性 PbO，但是，它并不像 $PbTiO_3$ 那样，立即与 ZrO_2 作用，大量生成 $PbZrO_3$，而只是当 PbO、ZrO_2 与已合成的少量 $PbZrO_3$ 在 790℃附近生成三元共溶点液相（即 PbO、ZrO_2 和 $PbTiO_3$）时，才发生 $PbZrO_3$ 的合成反应，到 900℃时反应完成：

$$Pb_3O_4 \longrightarrow PbO + O_2 \uparrow \tag{6-30}$$
$$PbO + ZrO_2 \longrightarrow PbZrO_3 \tag{6-31}$$
$$PbO + ZrO_2 + PbZrO_3 \longrightarrow PbZrO_3 \tag{6-32}$$

Pb_3O_4 在 627℃脱氧后新生成有强烈反应能力的活性 PbO，它先与 TiO_2 反应，形成 $PbTiO_3$；在 840℃液相出现，紧接着形成 $Pb(Zr, Ti)O_3$ 固溶液体，到 850℃时反应基本完成：

$$Pb_3O_4 \longrightarrow PbO + O_2 \uparrow \tag{6-33}$$
$$PbO + TiO_2 \longrightarrow PbTiO_3 \tag{6-34}$$
$$PbO + ZrO_2 \longrightarrow PbZrO_3 \tag{6-35}$$
$$PbTiO_3 + ZrO_2 + PbO \longrightarrow Pb(Zr, Ti)O_3 \tag{6-36}$$

3. 保温阶段（850~900℃）

配方不同，保温阶段的温度也有差异，一般在 850~900℃之间。这一阶段，主要是继续完成上阶段尚未完成的化学反应。固态物质的化合反应，不像液相物质的化合反应那么容易，必须有一定的反应时间。因此，必须经过一定时间的保温，使反应更加充分和完全。

三、实验原料、设备及仪器

1. 实验原料：活性四氧化三铅（Pb_3O_4，AR）、氧化锆（ZrO_2，AR）、氧化钛（TiO_2，AR）。

2. 实验设备及仪器：电子天平、压片机、马弗炉、极化装置、d_{33} 测量仪。

四、实验步骤

采用活性四氧化三铅 Pb_3O_4 为原料，主晶相的固相合成工艺条件如下：

1. 配料：按化学式 $Pb(Zr,Ti)O_3$ 中的摩尔比进行原料 Pb_3O_4、ZrO_2、TiO_2 的称量，之后在玛瑙研钵中混合均匀。

2. 压片：加入适量的黏结剂，黏结剂与粉料混合充分后，混合物加入模具中进行冷压成型，制得坯件。

3. 装炉：将坯件装在坩埚内，但坯件不能与坩埚直接接触，坯件之间，需要留一定间隙（用碎垫板隔开）。坩埚加盖，但不密封，也留一定缝隙，以便于气体和水分的逸出。每炉一次合成一批料粉较合适。

4. 升温速度和保温时间：500℃以下时，升温不能太快，以防坯件炸裂崩散，而不利于合成反应。一般每 10min 升温 40℃（即 240℃/h）较合适。由 500℃时开始，Pb_3O_4 分解脱氧，升温速度更应缓慢，以保证充分的合成反应时间，一般每 10min 升温 20℃（即 120℃/h）为宜。在 700℃下保温 1h，以利生成 $PbTiO_3$；700～900℃时，每 10min 升温 20℃在 900℃下保温 2～3h，使料粉反应完全而且更加充分，生成 $Pb(ZrTi)O_3$。保温时间的长短，可视坯件大小和数量来决定。炉内气氛以中性或氧化性气氛为好；还原气氛将导致料粉还原发黑，必须严加控制。

5. 降温速度：达到保温时间后，关闭电炉电源，随炉冷却；炉温下降到 200℃以下，坯件即可出炉。

6. 陶瓷的金属化：将制得的坯件进行表面金属化处理，首先取合适的银浆、将待金属化的试样清洁备用。用柔软而稍有弹性的狼毫毛笔或毛刷蘸适量银浆，用手工逐个地均匀涂在制品表面。每涂一遍，必须在 200～250℃温度下彻底烘干，直至银层呈灰色或浅蓝色或鱼白色为止。冷却到室温后，再涂第二遍。一般以涂两遍较好。一面涂好后，再涂另一面。烧渗银，可采用快速烧银法。就是慢速升温，快速降温。按规定的升温速度，缓慢升温到规定的最高温度，并保温约 10min。然后立即敞开炉门，采取强制降温措施，在半小时内降温到 500℃左右，并突然从炉内取出制品，放在自然环境下冷却到室温。

7. 性能测试：将被银前后的坯件用 X 射线衍射仪进行结构表征，确定值得样品的物相。对压电陶瓷进行极化处理后，进行介电性能和压电性能的测试。

五、数据整理

制备样品过程中需详细记录制备过程，如原料称量量、烧结温度、升温速率、保温时间、降温速率等。

根据测量结果作被银前后的坯件用 X 射线衍射图，并分析其物相；根据测量结果记录坯件极化电压、极化温度、极化时间、介电常数和压电常数。

六、实验中应注意的问题

操作前必须仔细阅读各仪器的使用说明书。

思考题

1. 银浆的主要组成有哪些？

2. 如何确定极化条件，极化条件对坯件性能有何影响？

实验六 材料的湿敏特性及其性能测试

一、实验目的

了解湿敏传感器的原理和特性。

二、实验原理

湿度是指空气中所含有水蒸气量。空气的潮湿程度，一般多用相对湿度概念，即在一定温度下，空气中实际水蒸气压与饱和水蒸气压的比值（用百分比表示），称为相对湿度（用 RH 表示），其单位为 %RH。湿敏传感器种类较多，根据水分子易于吸附在固体表面渗透到固体内部的这种特性（称水分子亲和力），湿敏传感器可以分为水分子亲和力型和非水分子亲和力型。

本实验采用的是集成湿度传感器。该传感器的敏感元件采用的是水分子亲和力型中的高分子材料的湿敏元件（湿敏电阻）。它的原理是采用具有感湿功能的高分子聚合物（高分子膜）涂敷在带有导电电极的陶瓷衬底上，导电机理为水分子的存在影响高分子膜内部导电离子的迁移率，形成敏感部件阻抗随相对湿度变化成对数变化。一般应用时都经放大转换电路处理将对数变化转换成相应的线性电流信号输出以制成湿度传感器模块形式。湿敏传感器实物如图 6-27 所示。

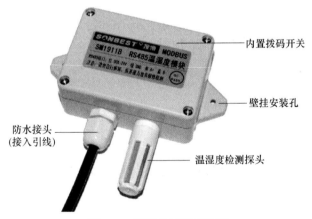

图 6-27 湿敏传感器实物图

三、主要仪器与试剂

1. 仪器：直流电源、万用电表、湿敏传感器、湿敏座。
2. 试剂：棉花、无水氯化钙、变色硅胶。

四、实验内容

1. 按图 6-28 所示接线（湿敏座中不放任何东西），注意传感器的引线颜色。
2. 将电压表量程切换到合适量程，检查接线无误后，接通直流电源的开关，传感器

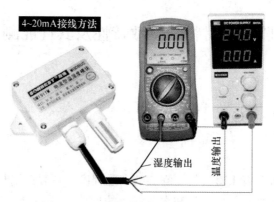

图 6-28   湿敏传感器实验接线示意图

通电先预热 5min 以上，待电压表显示稳定后，即为环境湿度所对应的电流值（查湿度——输出电流曲线的环境湿度）。

3. 往湿敏座中加入若干量干燥剂（不放干燥剂为环境湿度），放上传感器，观察万用电表电流显示值的变化。

4. 倒出湿敏座中的干燥剂，加入潮湿小棉球，放上传感器，等电流显示稳定后记录电流显示值，查湿度——电流曲线得到相应湿度值。

五、注意事项

1. 严格按照实验流程操作；
2. 注意安全；
3. 操作前必须仔细阅读各仪器的使用说明书。

思考题

常见的湿敏材料有哪些？

实验七   葡萄糖传感器的构建及测量

一、实验目的

1. 了解葡萄糖电化学传感器的构成；
2. 熟悉葡萄糖敏感材料的制备方法，熟悉相关性能测试结果的分析；
3. 掌握葡萄糖电化学传感器构件的关键技术，掌握葡萄糖传感器性能的表征技术，掌握葡萄糖传感器性能的测定方法及原理。

二、实验原理

电化学传感器是基于待测物的电化学性质并将待测物化学量转变成电学量进行传感检测的一种传感器。电化学传感器按照检测对象可分为生物传感器、气体传感器、离子传感器。按照工作方式可分为电导型传感器、电势型传感器、电流型传感器。

电化学传感器的传感原理如图 6-29 所示，其构成包括两部分：敏感膜和换能器。被分析物扩散进入固定化敏感膜层，经过分子识别，发生生化反应，产生一次信息继而被相应的物理换能器、化学换能器转变成可定量和可处理的电信号，再经过二次仪表（检测放大器）输出，信号的强度与被分析物成比例，从而测得待测物的浓度。

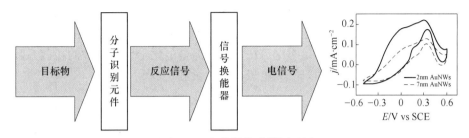

图 6-29　电化学传感器原理图

作为信号转换器的电极在电化学传感器中承担了重要作用，化学反应在电极上发生，电信号通过电极进行传送。电化学反应可采用两电极体系，即由工作电极和对电极组成，电流在两电极之间形成回路。但是为了保持工作电位的恒定，便于电化学分析，通常选择三电极体系，即包含工作电极、对电极和参比电极。按电极的种类分类，工作电极有炭电极（玻碳电极、碳纤维电极、金刚石电极、热解石墨电极、炭糊电极）和金属电极（铂电极、金电极、银电极、铜电极、镍电极）；对电极有铂片电极、铂丝电极和炭电极等；参比电极有饱和甘汞电极、银氯化银电极、贵金属电极和标准氢电极等。

丝网印刷电极一般包括印制电极的基片，基片上印有外部绝缘层和电极引线，同时基片上还印制有三个电极，分别为工作电极（WE）、参比电极（RE）以及辅助电极（AE），各电极与对应的引线相连，以此组成经典的电化学三电极体系。丝网印刷电极需要的样品量少，通常只需要一滴溶液便可以进行分析检测，有利于电化学传感器的器件化、微型化。

敏感膜又称分子识别元件，是电化学传感器的关键组成部分，是葡萄糖电化学传感器进行选择性检测的基础，其所含物质组成可以是酶、抗体等生物分子，也可以是具有葡萄糖催化活性的金属或其金属氧化物、合金电极材料。

常用的电化学方法主要包括循环伏安法、电子探针、交流阻抗和计时电流。但是不论何种电化学的表征方法，所选用的电化学体系均为三电极系统，即工作电极、辅助电极和参比电极，丝网印刷电极的接线方式如图 6-30 所示。

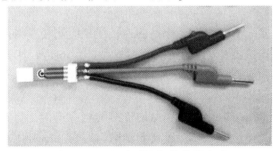

图 6-30　丝网印刷电极的接线方式

循环伏安（CV）：是在电化学反应中，获得定性信息时应用最广泛的技术。CV方法为氧化还原反应、不同种类的电子转换反应和吸附反应提供信息。它能迅速提供电化学物种的氧化还原电位。CV应用三角波对工作电极进行线性扫描。循环伏安法常用于单分子层修饰电极的电化学行为研究。其中，线性扫描伏安（LSV）是循环伏安法的一种。

计时电流：一种记录电化学反应有效的方式就是计时电流，以便获得时间下的负荷，这是一种慢速获得吸附物质量的很好的测量方法。计时电流法就是从没有感应电流，生成的初始电位，到没有电化学物种存在的电位时工作电极的电位，电流时间的变化反映了电极表面附近的浓度梯度的变化。计时电流法常用来测量电化学反应物种的扩散系数或工作电极的表面积，这种技术也可用来研究电极反应的机理。

三、主要仪器与试剂

1. 仪器

电化学工作站（上海辰华CHI760E）、油浴锅、丝网印刷电极（110CNT，DropSens）、丝网印刷电极连接线（CAC，DropSens）、烧杯、试管夹、三颈烧瓶（100mL，配瓶塞）、搅拌子。

2. 试剂

油胺、氯金酸、三异丙基硅烷、己烷、乙醇、正丁胺、磷酸氢二钠、磷酸二氢钠、氯化钾、硫酸钾、葡萄糖、硫酸（0.5mol/L）、亚铁氰化钾、抗坏血酸、尿素。

磷酸盐缓冲液（PBS缓冲溶液，pH7.4）：取磷酸氢二钠10.9g，磷酸二氢钠2.3g，加水700mL使溶解，调pH值至7.0，再加水稀释至1000mL。

亚铁氰化钾表征液：取0.422g亚铁氰化钾，8.713g硫酸钾，加水稀释至1000mL。

四、实验内容

1. 金纳米线的制备

向50mL己烷中分别加入2mL油胺和80mg氯金酸，形成黄色溶液。随后加入3mL三异丙基硅烷，室温下静置反应2h。反应结束后，将所得混合物离心，并用乙醇洗涤3次。然后将离心所得的固体产物分散在正丁胺中，搅拌一段时间，然后离心收集，所得沉淀重新分散在无水乙醇中保存。

2. 葡萄糖电化学传感器敏感膜的制备

使用时先用PBS缓冲溶液清洗电极，活化、晾干。然后取10μL金纳米线分散液滴涂在丝网印刷电极工作电极区域，50℃烘干，以便制得金纳米线修饰的丝网印刷电极。

3. 电化学表征

将丝网印刷电极连接线与电化学工作站的连接线相应连接，将两种制得的金纳米线修饰的丝网印刷电极插入连接器中。设置实验参数，在0.5mol/L H_2SO_4 溶液中，采用循环伏安法表征电极是否修饰成功。

4. 循环伏安检测葡萄糖传感器的检测信号

将丝网印刷电极连接线与电化学工作站的连接线相应连接，将实验中制得的金纳米线修饰的丝网印刷电极插入连接器中。设置实验参数，在含3mmol/L的葡萄糖的PBS（pH值为7.4）缓冲溶液中，进行循环伏安法测试，测试范围：电势范围−0.6～0.6V，扫速

10mV/s。

5. 葡萄糖传感器最佳检测电位的确定

将丝网印刷电极连接线与电化学工作站的连接线相应连接，将实验中制得的金纳米线修饰的丝网印刷电极插入连接器中。将金纳米线修饰的丝网印刷电极置于含 3mmol/L 的葡萄糖的 PBS（pH 值为 7.4）缓冲溶液中，施加不同电位（−0.5V、−0.2V、−0.1V、0V、0.1V、0.2V、0.5V），进行线性扫描伏安测试。通过金纳米线修饰的丝网印刷电极对葡萄糖氧化峰的最大电流响应，确定最佳测量电位。

6. 计时电流法表征葡萄糖传感器

将丝网印刷电极连接线与电化学工作站的连接线相应连接，将实验中制得的金纳米线修饰的丝网印刷电极插入连接器中。将金纳米线修饰的丝网印刷电极置于缓冲液中，施加电位。待背景电流稳定后，加入葡萄糖溶液并记录电流变化。金纳米线修饰的丝网印刷电极对葡萄糖的电流响应为加入葡萄糖前的背景电流与加入葡萄糖后的稳态电流差值。通过不同浓度的葡萄糖的稳态电流差值确定葡萄糖传感器的线性范围和检测下限。

7. 葡萄糖传感器的选择性测试

将丝网印刷电极连接线与电化学工作站的连接线相应连接，将实验中制得的金纳米线修饰的丝网印刷电极插入连接器中。将金纳米线修饰的丝网印刷电极置于 pH 值为 7.4 的 PBS 缓冲溶液（含 1.0mmol/L 的葡萄糖、0.1mmol/L 的抗坏血酸和 0.1mmol/L 的尿酸）中，施加最佳检测电位，进行线性扫描伏安测试。

五、注意事项

1. 严格按照实验流程操作；
2. 注意安全；
3. 操作前必须仔细阅读各仪器的使用说明书。

思考题

1. 丝网印刷电极的优点。
2. 丝网印刷电极常用的电极材料和基质材料都有哪些？
3. 什么是检测下限，如何测量传感器的检测下限？

第七章　新能源材料及器件基础实验

实验一　甲醇的电化学催化氧化

一、实验目的

1. 掌握甲醇的电催化氧化机理和应用价值；
2. 掌握基本的电化学能源实验原理和技术；
3. 理解电化学催化的基本原理。

二、实验原理

甲醇燃料电池是直接利用甲醇水溶液为燃料，氧或空气作为氧化剂的一种新型燃料电池。由于甲醇在室温下为液态，具有很高的能量密度，并且价格便宜，可以直接从石油、天然气、煤等原料中获得，在燃料获取中能量损耗小，系统效率高。甲醇燃料电池的核心是甲醇在催化剂作用下的电催化氧化。在酸性条件下，以金属铂等贵金属为催化剂，能够获得比较稳定的能量输出和电池性能。然而，贵金属的使用使得甲醇燃料电池的成本很高。在碱性条件下，非贵金属可用作催化剂，并且具有较好地催化氧化甲醇的能力。本实验要求用大表面金属泡沫镍为催化剂，设计在碱性条件下的实验。同时，通过利用化学置换反应制铂催化剂，对两种不同条件下的甲醇电化学氧化结果进行对比。

在碱性条件下催化反应原理：

总反应式：

$$2CH_3OH + 3O_2 + 4OH^- \Longrightarrow 2CO_3^{2-} + 6H_2O \tag{7-1}$$

正极：

$$O_2 + 4e + 2H_2O \longrightarrow 4OH^- \tag{7-2}$$

负极：

$$CH_3OH - 6e + 8OH^- \longrightarrow CO_3^{2-} + 6H_2O \tag{7-3}$$

而在酸性条件下，

总反应式：

$$2CH_3OH + 3O_2 \longrightarrow 2CO_2 + 4H_2O \tag{7-4}$$

正极：

$$O_2 + 4e + 4H^+ \longrightarrow 2H_2O \tag{7-5}$$

负极：

$$CH_3OH - 6e + H_2O \longrightarrow 6H^+ + CO_2 \tag{7-6}$$

三、实验设备和材料

1. 仪器（表 7-1）

表 7-1 实验所用仪器

仪器名称	规 格	数 量
电化学工作站	CHI760E	4 台
电化学反应池	50mL	4 只
银-氯化银参比电极	721 型	4 只
铂对电极	1cm×1cm	4 只
电极夹	聚四氟乙烯	4 只
烧杯	1000mL，500mL	各 1 只
分析天平	精度 0.1mg	公用
容量瓶	100mL	4 只
胶塞		若干

2. 试剂（表 7-2）

表 7-2 实验所用试剂

试剂名称	规 格	用 量
泡沫镍	1cm×1cm	60 片
氢氧化钾	分析纯	500g
乙醇	分析纯	5L
甲醇	分析纯	500mL

四、实验内容及步骤

配制电解液→清洗电极→泡沫镍预处理→组装电解池→循环伏安测试

1. 泡沫镍预处理：将 4 条泡沫镍放在 0.25mol/L 硫酸，0.05mol/L 氯化钠溶液中超声 20min，然后用蒸馏水冲洗干净，将处理过的泡沫镍保存在蒸馏水水中。其中 1 条泡沫镍放置在 0.25mol/L 硫酸，0.05mol/L 氯化钠溶液中腐蚀 6h，然后清洗备用。

2. 电解液为 1mol/L KOH，0.5mol/L 甲醇。将 2mL 电解液放置于电解池中，分别插入 1 条泡沫镍作工作电极、Pt 对电极和 Ag/AgCl 参比电极。循环伏安法条件为：起始电位为 0V，终止电位为 1.2V，扫描速率为 10（3 圈），20（3 圈），50（5 圈），100（5 圈）mV/s。利用循环伏安法确定甲醇的氧化电位时需与不含甲醇的电解液做对比进行观察（做 20mV/s 扫速的就可以）。

3. 在恒电位 0.4V，0.5V，0.6V 下，运行时间设定为 600s。对获得的 I-t 曲线进行对比观察，了解催化过程的变化。并了解电流变化的原因。

4. 通过改变甲醇的浓度（0、0.1mol/L、0.5mol/L、1mol/L），利用循环伏安法来观察浓度与峰电流输出的关系（20mV/s 扫速下进行实验即可）。

5. 利用化学腐蚀方法来改变泡沫镍的表面积（步骤 1 中腐蚀的泡沫镍），然后利用循环伏安法和同步电流法比较催化剂腐蚀前后的催化电流变化。（注意实验时保持插入深度一致）

五、实验报告要求

1. 简述实验目的和实验原理；
2. 使用 Origin 绘图软件进行绘图，并对结果进行分析。

思考题

1. 酸性和碱性条件对甲醇催化氧化各有哪些优缺点？
2. 如何提高甲醇催化氧化的效率？
3. 催化剂起什么作用？催化剂优化的方向是什么？
4. 化学腐蚀的基本原理是什么？

实验二　锂离子电池的设计制作

一、实验目的

1. 了解可充锂离子电池的工作原理；
2. 了解电解质溶液的导电机理；
3. 掌握锂离子电池的基本组成部分；
4. 掌握纽扣锂离子电池组装的基本方法。

二、实验原理

锂离子电池是一种充电电池，它主要依靠锂离子在正极和负极之间移动来工作。在充放电过程中，Li^+ 在两个电极之间往返嵌入和脱嵌：充电池时，Li^+ 从正极脱嵌，经过电解质嵌入负极，负极处于富锂状态；放电时则相反。

锂离子电池组成部分（钢壳/铝壳/圆柱/软包装系列）：

（1）正极——活性物质一般为锰酸锂或者钴酸锂，现在又出现了镍钴锰酸锂材料，电动自行车则用磷酸铁锂，导电集流体使用厚度 $10\sim20\mu m$ 的电解铝箔；

（2）隔膜——一种特殊的复合膜，可以让离子通过，但却是电子的绝缘体；

（3）负极——活性物质为石墨，或近似石墨结构的碳，导电集流体使用厚度 $7\sim15\mu m$ 的电解铜箔；

（4）有机电解液——溶解有六氟磷酸锂的碳酸酯类溶剂，聚合物的则使用凝胶状电解液；

（5）电池外壳——分为钢壳（现在方形很少使用）、铝壳、镀镍铁壳（圆柱电池使用）、铝塑膜（软包装）等，还有电池的盖帽，也是电池的正负极引出端。

三、实验设备和材料

1. 仪器（表 7-3）

表 7-3　实验所用仪器

仪器名称	规　格	数　量
两工位净化手套箱	DSP-TDSGB06D	1 台
电池封口机	MSK-110	1 台
纽扣电池冲片机	MSK-T10	1 台

2. 试剂（表 7-4）

表 7-4　实验所用试剂

试剂名称	规　格	用　量
纽扣电池壳	Carbon ECP600JD	100 套
Li 片	电池级	瓶
电解液		2 瓶
隔膜	2300	50cm
Ar_2	≥99.99%、99.999%	2 瓶
酒精	500mL	2 瓶

四、实验内容及步骤

电池的组装都在充满高纯氩气的真空手套箱中进行，其具体的组装流程如图 7-1 所示。

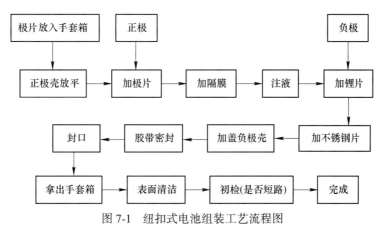

图 7-1　纽扣式电池组装工艺流程图

（1）冲片：用纽扣电池冲片机将干燥好的正极片冲成圆片。

（2）压片：用微型等静压机将冲好的圆正极片压片。

（3）再干燥：压好的正极片真空干燥时间超过 2h。

（4）称重：将各正极极片称量、并计算电极片的活性物质的质量、编号，放入真空手套箱中待装电池。

（5）组装电池：取正极壳（正极壳一般较大，切朝外一面上面有+号）朝上，放入正极电极片，保证活性物质的面向上（一般黑色面为电极面）；然后放入隔膜片 1 片；滴加数滴电解质溶液保证能够润湿电极片和隔膜；然后将负极电极片放入（保证活性物质面向下）；（根据电池壳的尺寸决定是否放入垫片和弹簧片）；盖上负极壳。

（6）封口：用塑料镊子将电池壳小心放到封口机上，保证电池的正极壳在下面、负极壳朝上（负极一般上面为粗糙一面）；调整至中心；关上封口机的油压阀门；反复压下手柄直至压力到 5MPa 以上，将电池壳封住。

（7）取下电池，用纸巾将溢出的电解质擦干净。

（8）用电化学工作站的开路电压（可能有偏差，但不应等于零）、测试电池的电阻（不应等于零）。经过老化处理数小时。

五、实验报告要求

1. 简述实验目的和实验原理；

2. 处理并记录实验数据，如表 7-5 所示。

表 7-5　实验数据

序号	活性物质质量	开路电压	电阻
1			
2			
3			
4			

思考题

试分析造成锂电池内部短路的原因。

实验三　锂离子电池的测试

一、实验目的

1. 掌握锂离子电池性能的表征技术；

2. 掌握锂离子电池性能的测定方法及原理；

3. 熟悉相关性能测试结果的分析。

二、实验原理

1. 循环伏安的测试

对研究电极在一定的电位范围内施加按一定速率线性变化的电位信号，当电位达到扫描范围的上下限时再反向扫描至下上限，即用三角波电势信号扫描，同时自动测量并记录电位扫描过程中电极上的电流响应，多次扫描得到 I 与 E 的关系。本试验可通过 CV 图研究电极反应过程与可逆性。

2. 充电性能测试

恒流充电：恒流充放电方法是恒电流计时电势法，即对电池施加一恒定电流，记录其电极电势（对一个电极而言）或电池电压（对整个电池而言）随时间的变化。由于是用恒电流充放电，时间坐标轴很容易转换为电量（容量）坐标轴。

在充放电过程中，充电曲线或放电曲线有两个参数：时间（容量）和电势（或电压）。前者表示充（放）电进行的程度，后者决定于电极的状态，也就是说，充放电曲线是电极（或电池）的状态的反应

恒压充电：电压保持不变，充电电流逐渐减小，通常充电之初的电流会很大。这种方法简单容易实现。电动汽车和电源备用系统的铅酸蓄电池的充电方法通常采用这种方法。为了防止过充，锂电池在后阶段的充电中也采用该方法，采用这种方法的缺点是充电速度慢。

3. 交流阻抗的测试

给电化学系统施加一个频率不同的小振幅的交流正弦电势波，测量交流电势与电流信号的比值随正弦波频率的变化。由此可以测得电极的电阻值。

三、实验设备和材料

1. 仪器，见表 7-6。

表 7-6　实验所用仪器

仪器名称	规　格	数　量
电化学工作站	CHI760E	4 台
电池测试系统	LAND CT2001A	8 台

2. 锂离子电池若干。

四、实验内容及步骤

采用上海辰华仪器有限公司生产的 CHI660E 型电化学工作站对组装的纽扣电池进行循环伏安测试，并对数据进行详细地分析。文中所有测试温度为 25℃，电压范围为 2 ~ 4.2V，扫描速率为 0.1mV/s。

充放电测试在武汉市蓝电电子股份有限公司生产的 LAND CT2001A 型电池测试系统上完成，主要包括倍率性能测试和循环性能的测试。本实验所有样品的测试均在环境温度为 25℃ 的条件下进行，其充放电截止电压为 2~4.2V，电流的大小根据活性物质的质量计算

得到。在计算电流时，对于 $LiFeO_4$ 来说，1C 相当于 170mA·h/g（$LiFeO_4$ 的理论容量为 170mA·h/g）。

交流阻抗的测试是在上海辰华仪器有限公司生产的 CHI660D 和 CHI660E 型电化学工作站上完成的，测试的环境温度为 25℃，频率范围为：0.01Hz~1MHz，交流电位的振幅为：5mV。通过交流阻抗的测试和分析，可以更为全面地了解电极反应的动力学信息以及电极界面结构的信息。

五、实验报告要求

1. 简述实验目的和实验原理；
2. 利用 Origin 软件绘制样品的循环伏安曲线图并进行分析；
3. 利用 Origin 软件绘制样品的充放电曲线图并进行分析；
4. 利用 Origin 软件绘制样品的阻抗谱曲线图并进行分析；
5. 得到测试结果并填入表 7-7。

表 7-7　测试结果

序　号	倍率性能/mA·h·g^{-1}	循环性能/mA·h·g^{-1}
1	0.5C	
1	1C	
2	0.5C	
2	1C	
3	0.5C	
3	1C	
4	0.5C	
4	1C	

思考题

根据实验测试结果，分析影响电池性能的原因有哪些？

实验四　太阳电池光电性能测试

一、实验目的

1. 了解太阳电池工作的基本原理；
2. 掌握太阳电池伏安曲线的测定方法；
3. 掌握太阳电池性能的分析方法。

二、实验原理

太阳能电池在没有光照时其特性可视为一个二极管，在没有光照时其正向偏压 U 与通过电流 I 的关系式为：

$$I = I_0(e^{\beta U} - 1) \tag{7-7}$$

式中，I_0、β 是常数。

由半导体理论，二极管主要是由能隙为 E_c-E_v 的半导体构成，如图 7-2 所示。E_c 为半导体导电带，E_v 为半导体价电带。当入射光子能量大于能隙时，光子会被半导体吸收，产生电子和空穴对。电子和空穴对会分别受到二极管之内电场的影响而产生光电流。

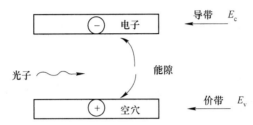

图 7-2　电子和空穴在电场的作用下产生光电流

假设太阳能电池的理论模型是由一理想电流源（光照产生光电流的电流源）、一个理想二极管、一个并联电阻 R_{sh} 与一个电阻 R_s 所组成，如图 7-3 所示。

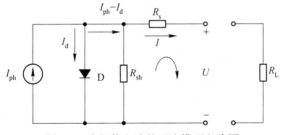

图 7-3　太阳能电池的理论模型电路图

图 7-3 中，I_{ph} 为太阳能电池在光照时的等效电源输出电流；I_d 为光照时通过太阳能电池内部二极管的电流。由基尔霍夫定律得：

$$IR_s + U - (I_{ph} - I_d - I)R_{sh} = 0 \tag{7-8}$$

式中，I 为太阳能电池的输出电流；U 为输出电压。由式（7-8）可得：

$$I\left(1 + \frac{R_s}{R_{sh}}\right) = I_{ph} - \frac{U}{R_{sh}} - I_d \tag{7-9}$$

假定 $R_{sh} = \infty$ 和 $R_s = 0$，太阳能电池可简化为图 7-4 所示电路。

这里，$I = I_{ph} - I_d = I_{ph} - I_0(e^{\beta U} - 1)$。在短路时，$U = 0$，$I_{ph} = I_{sc}$；而在开路时，$I = 0$，$I_{sc} - I_0(e^{\beta U_{OC}} - 1)\beta = 0$。则：

$$U_{OC} = \frac{1}{\beta}\ln\left(\frac{I_{sc}}{I_0} + 1\right) \tag{7-10}$$

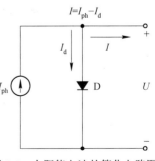

图 7-4　太阳能电池的简化电路图

式（7-13）即为在 $R_{sh}=\infty$ 和 $R_s=0$ 的情况下，太阳能电池的开路电压 U_{OC} 和短路电流 I_{sc} 的关系式。而 I_0、β 是常数。

三、实验设备和材料

光具座（上面装有滑块支架、盒装太阳能电池板、碘钨灯白光光源）、导线若干、有机玻璃遮光罩、数字万用表 1 只（用户自备）、电阻箱 1 只（用户自备）。图 7-5 为实验装置光具座的示意图。

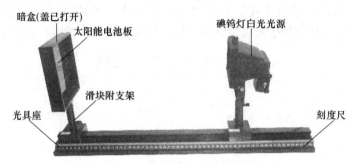

图 7-5　实验装置的测试架(光具座)示意图

四、实验内容及步骤

1. 在无光源（全黑）的条件下，测量太阳能电池施加正向偏压时的 I、U 特性，并将数据记录于表 7-8 中。

（1）按实验要求画出测量的实验线路图；

（2）根据正向偏压时 I-U 关系测量数据，画出 I-U 曲线并求得常数 β 和 I_0 的值。

2. 在白光光源照射下，不加偏压，测量太阳能电池光照特性，并将数据记录于表 7-9 中。注意此时光源到太阳能电池距离保持 20cm 不变。

（1）画出测量线路图。

（2）测量电池在不同负载电阻下，I 对 U 变化关系，画出 I-U 曲线图。

（3）用外推法求短路电流 I_{sc} 和开路电压 U_{OC}。

（4）求太阳能电池的最大输出功率和最大输出功率时对应的负载电阻。

（5）计算填充因子 $FF=\dfrac{Pm}{I_{sc}U_{OC}}$。

表 7-8　全暗情况下太阳能电池在外加偏压时伏安特性数据记录

$R/k\Omega$	U_1/V	U_1/V	$I\left(=\dfrac{U_2}{R}\right)/\mu A$	$\ln I$
50.00				
45.00				
40.00				
35.00				
30.00				

续表 7-8

$R/\mathrm{k\Omega}$	U_1/V	U_1/V	$I\left(=\dfrac{U_2}{R}\right)/\mathrm{\mu A}$	$\ln I$
25.00				
20.00				
15.00				
8.00				
5.00				
2.00				
1.00				
0.00				

表 7-9　恒定光照下太阳能电池在不加偏压时伏安特性数据记录

$R/\mathrm{k\Omega}$	U_1/V	I/mA	P/mW
5			
10			
15			
20			
25			
30			
35			
40			
45			
50			
55			
60			
65			
70			
75			
80			
85			
90			
95			
100			
150			

续表 7-9

$R/\mathrm{k\Omega}$	U_1/V	I/mA	P/mW
200			
500			
800			
1000			

3. 测量太阳能电池的光照特性：在暗箱中（用遮光罩挡光），我们把太阳能电池在距离白光光源 $x_0 = 20\mathrm{cm}$ 的水平距离接受到的光照强度作为标准光照强度 J_0，然后改变太阳能电池到光源的距离 x_i，根据光照强度和距离成反比的原理，计算出各点对应的相对光照强度 $\dfrac{J}{J_0} = \dfrac{x_0}{x_i}$ 的数值。测量太阳能电池在不同相对光照强度 $\dfrac{J}{J_0}$ 时，对应的短路电流 I_{sc} 和开路电压 U_{OC} 的值，结果如表 7-10 所示。

（1）描绘短路电流 I_{sc} 与相对光强度 $\dfrac{J}{J_0}$ 之间的关系曲线，求短路电流 I_{sc} 和与相对光照强 $\dfrac{J}{J_0}$ 之间近似函数表达式。

（2）描绘出开路电压 U_{OC} 与相对光照强度 $\dfrac{J}{J_0}$ 之间的关系曲线，求开路电压 U_{OC} 与相对光照强度 $\dfrac{J}{J_0}$ 之间近似函数表达式。

表 7-10　太阳能电池短路电流 I_{sc}、开路电压 U_{OC} 与相对光照强度 $\dfrac{J}{J_0}$ 对应关系

灯与太阳能电池距离 x_i/cm	相对光照强度 $\dfrac{J}{J_0}$	I_{sc}/A	U_{OC}/V
50			
48			
46			
44			
42			
40			
38			
36			
34			
32			
30			
28			

灯与太阳能电池距离 x_i/cm	相对光照强度 $\dfrac{J}{J_0}$	I_{sc}/A	U_{OC}/V
26			
24			
22			
20			

五、实验报告要求

1. 简述实验目的和实验原理；
2. 总结测试数据，利用 Origin 绘制不同变化条件与太阳电池光电性能之间的关系图。

思考题

分析总结影响太阳电池光性能的因素有哪些，是如何影响的？

实验五　染料敏化太阳电池的制备及性能测试

一、实验目的

1. 了解染料敏化纳米 TiO_2 太阳能电池的工作原理及性能特点；
2. 掌握染料敏化太阳电池光阳极和对电极的制备方法；
3. 掌握染料敏化太阳电池的组装方法；
4. 掌握评价染料敏化太阳能电池性能的方法。

二、实验原理

1. DSSC 结构：染料敏化太阳能电池的结构是一种"三明治"结构，如图 7-6 所示，主要由以下几个部分组成：导电玻璃、染料光敏化剂、多孔结构的 TiO_2 半导体纳米晶薄膜、电解质和铂电极。其中，吸附了染料的半导体纳米晶薄膜称为光阳极，铂电极叫作电极或光阴极。

2. DSSC 电池的工作原理：电池中的 TiO_2 禁带宽度为 3.2eV，只能吸收紫外区域的太阳光，可见光不能将它激发，于是在 TiO_2 膜表面覆盖一层染料光敏剂来吸收更宽的可见光，当太阳光照射在染料上，染料分子中的电子受激发跃迁至激发态，由于激发态不稳定，并且染料与 TiO_2 薄膜接触，电子于是注入到 TiO_2 导带中，此时染料分子自身变为氧化态。注入到 TiO_2 导带中的电子进入导带底，最终通过外电路流向对电极，形成光电流。处于氧化态的染料分子在阳极被电解质溶液中的 I^- 还原为基态，电解质中的 I_3^- 被从阴极进入的电子还原成 I^-，这样就完成一个光电化学反应循环。但是反应过程中，若电解质渚

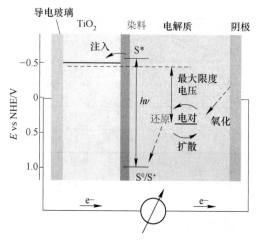

图 7-6　DSSC 结构与工作原理图

液中的 I⁻ 在光阳极上被 TiO_2 导带中的电子还原，则外电路中的电子将减少，这就是类似硅电池中的"暗电流"。整个反应过程可用如下表示：

（1）染料 D 受激发由基态跃迁到激发态 D^+：

$$D + h\nu \longrightarrow D^+ \tag{7-11}$$

（2）激发态染料分子将电子注入到半导体导带中：

$$D^+ \longrightarrow D^+ + e \tag{7-12}$$

（3）I⁻ 原氧化态染料分子：

$$3I^- + 2D^+ \longrightarrow I_3^- + 2D \tag{7-13}$$

（4）I_3^- 扩散到对电极上得到电子使 I⁻ 再生：

$$I_3^- + 2e \longrightarrow 3I^- \tag{7-14}$$

（5）氧化态染料与导带中的电子复合：

$$D^+ + e \longrightarrow D \tag{7-15}$$

（6）半导体多孔膜中的电子与进入多孔膜中 I_3^- 复合：

$$I_3^- + 2e \longrightarrow 3I^- \tag{7-16}$$

其中，反应（7-15）的反应速率越小，电子复合的机会越小，电子注入的效率就越高；反应（7-16）是造成电流损失的主要原因。

三、实验设备和材料

1. 实验仪器

XRD 粉末衍射仪、可控强度调光仪、紫外–可见分光光度计、电化学工作站、超声波清洗器、恒温水浴槽、多功能万用表、电动搅拌器、马弗炉、红外线灯、研钵、三室电解池、铂片电极、饱和甘汞电极、石英比色皿、导电玻璃、镀钳导电玻璃、锡纸、生料带、三口烧瓶（500mL）、分液漏斗、布氏漏斗、抽滤瓶、容量瓶、烧杯、镊子等。

2. 实验耗材

钛酸四丁酯、异丙醇、硝酸、无水乙醇、乙二醇、乙腈、碘、碘化钾、TBP、丙酮、石油醚、绿色叶片、红色花瓣、去离子水。

四、实验内容及步骤

1. TiO₂ 溶胶制备

目前合成纳米 TiO_2 的方法有多种，如溶胶–凝胶法、水热法、沉淀法、电化学沉积法等。本实验采用溶胶–凝胶法。

（1）在 500mL 的三口烧瓶中加入 1∶100（体积比）的硝酸溶液约 100mL，将三口烧瓶置于 60~70℃ 的恒温水浴中恒温。

（2）在无水环境中，将 5mL 钛酸丁酯加入含有 2mL 异丙醇的分液漏斗中，将混合液充分震荡后缓慢滴入（约 1 滴/s）上述三口烧瓶中的硝酸溶液中，并不断搅拌，直至获得透明的 TiO_2 溶胶。

2. TiO₂ 电极制备

取 4 片 ITO 导电玻璃经无水乙醇、去离子水冲洗、干燥，分别将其插入溶胶中浸泡提拉数次，直至形成均匀液膜。取出平置、自然晾干，在红外灯下烘干。最后在 450℃ 下于马弗炉中煅烧 30min 得到锐态矿型 TiO_2 修饰电极。可用 XRD 粉末衍射仪测定 TiO_2 晶型结构。

3. 染料敏化剂的制备和表征

（1）叶绿素的提取：采集新鲜绿色幼叶，洗净晾干，去主脉，称取 5g 剪碎放入研钵，加入少量石油醚充分研磨，然后转入烧杯，再加入约 20mL 石油醚，超声提取 15min 后过滤，弃去滤液。将滤渣自然风干后转入研钵中，再以同样的方法用 20mL 丙酮提取，过滤后收集滤液，即得到取出了叶黄素的叶绿素丙酮溶液，作为敏化染料待用。

（2）花色素的提取：称取 5g 红花或黄花的花瓣，洗净晾干，放入研钵捣碎，加入 95% 乙醇溶液淹没浸泡 5min 后转入烧杯，继续加入约 20mL 乙醇，超声波提取 20min 后过滤，得到花红素的乙醇溶液作为敏化染料待用。

（3）染料敏化剂的 UV-Vis 吸收光谱测定：以有机溶剂（丙酮或乙醇）作空白，测定叶绿素和花红素的紫外–可见光吸收光谱。由此确定染料敏化剂的电子吸收波长范围。

4. 染料敏化电极制备和循环伏安曲线测定

（1）敏化电极制备：经过煅烧后的 4 片 TiO_2 电极冷却到 80℃ 左右，分别浸入上述两类染料溶液中，浸泡 2~3h 后取出，清洗、晾干，即获得经过染料敏化的 4 个 TiO_2 电极。然后采用铜薄膜在未覆盖 TiO_2 膜的导电玻璃上引出导电极，并用生料带外封。

（2）电极循环伏安曲线测定：为考察不同的染料敏化剂在纳米 TiO_2 电极上的电化学行为和可逆性，分别以染料敏化后的 TiO_2 电极为工作电极，铂电极为对电极，饱和甘汞电极为参比电极，pH＝6.86 的磷酸盐缓冲液为支持电解质，测定 0.2~1.4V 电位区间的敏化电极的循环伏安谱，改变扫描速度确定敏化剂发生电化学反应的可逆性。

5. DSSC 电池的组装和光电性能测试

（1）DSSC 电池组装：分别以染料敏化纳米 TiO_2 电极为工作电极，以镀铂电极为光阴极，用夹子固定，在其间隙中滴入以乙腈为溶剂、以 0.5mol/L KI＋0.5mol/L＋0.2mol/L TBP 为溶质的液态电解质，封装后即得到不同染料敏化的太阳能电池。

首先，将浸渍好染料的 TiO_2 膜边缘用透明胶（或者封装膜）粘好，留一个尺寸为

5mm×5mm 的槽；其次，将槽口朝上，用注射器滴一两滴上述配置好的含碘和碘离子的电解质；然后把镀铂对电极的导电面朝下压在 TiO₂ 膜上，把两个电极稍微错开，以便利用暴露在外面的部分作为电极的测试用；最后用两个鳄鱼夹把电池夹住就得到了一个可拆装的 DSSC，如图 7-7 所示。

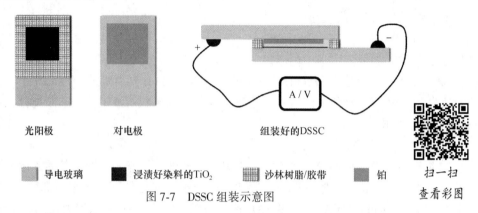

光阳极　　　　　对电极　　　　　　　　组装好的DSSC

■ 导电玻璃　　■ 浸渍好染料的TiO₂　　▦ 沙林树脂/胶带　　▦ 铂　　扫一扫查看彩图

图 7-7　DSSC 组装示意图

（2）光电性能测试：用自组装的光电性能测试系统测定 DSSC 的 *I-V* 特性曲线。光电性能测试系统由电化学工作站、氙灯光源、计算机及有效面积控制挡板组成。测试时，模拟光源的强度用辐照计调整为 $100mW/cm^2$。

6. 数据记录与处理

（1）煅烧后 TiO₂ 电极的 XRD 图；

（2）染料敏化剂的 UV-Vis 吸收曲线；

（3）染料敏化的循环-伏安曲线；

（4）不同波长辐照下 DSSC 的光电转换效应；

（5）记录波长及对应的开路电压和短路电流。

五、实验报告要求

利用实验报告专用纸，填好班级、姓名、学号等各个相关栏目后，按照整个实验的具体顺序，记录每一步骤的具体内容，认真撰写实验报告。内容包括实验目的、实验原理、操作步骤、实验结果整理及实验结果讨论等内容，尤其是实验结果的讨论，应结合所学的理论知识，对实验结果进行理论分析。

思考题

1. 影响染料敏化太阳能电池光-电转化效率的因素有哪些？
2. 敏化剂在 DSSC 电池中的作用有哪些？
3. 光阳极的哪些性质会影响电池性能？
4. 与其他太阳能电池比较，DSSC 电池有哪些优势和局限性？

第八章　功能材料创新实验

实验一　纳米磁性复合材料的制备及其光催化性能

一、实验目的

1. 熟悉一种制备 $NiFe_2O_4$ 纳米颗粒的方法；
2. 掌握水热法制备 $NiFe_2O_4/ZnO$ 纳米磁性复合材料的原理；
3. 了解光催化剂对有机污染物光催化降解的原理；
4. 掌握一种评价光催化剂、光催化性能的方法。

二、实验内容

1. 原理

（1）直接采用水热法制备 $NiFe_2O_4$ 纳米颗粒，其主要涉及的化学反应为：

$$2Fe^{3+} + Ni^{2+} + 8OH^- \longrightarrow NiFe_2O_4 + 4H_2O \tag{8-1}$$

（2）对于 $NiFe_2O_4/ZnO$ 纳米磁性复合材料则采用一锅水热法制备：

通过在反应体系中直接引入纳米 ZnO 颗粒，利用水热条件下，生成的 $NiFe_2O_4$ 直接在纳米 ZnO 表面成核并生长成纳米颗粒，这种原位水热生长过程可以使两种组分间保持较紧密的界面接触。

（3）$NiFe_2O_4/ZnO$ 纳米磁性复合材料在光激发下载流子转移过程如图 8-1 所示。

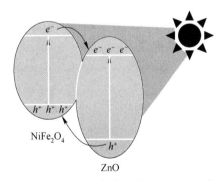

图 8-1　$NiFe_2O_4/ZnO$ 纳米磁性复合材料在光激发下载流子转移过程

（4）$NiFe_2O_4/ZnO$ 纳米磁性复合材料光催化降解 CR 染料机理过程：

$$CR（在水溶液中） + NiFe_2O_4/ZnO \longrightarrow CR - NiFe_2O_4/ZnO \tag{8-2}$$

$$CR - NiFe_2O_4/ZnO + h\nu \longrightarrow CR - NiFe_2O_4(h^+ + e^-)/ZnO(h^+ + e^-) \tag{8-3}$$

$$CR - NiFe_2O_4(h^+ + e^-)/ZnO(h^+ + e^-) \longrightarrow CR - NiFe_2O_4(h^+)/ZnO(e^-) \quad (8-4)$$

$$e^- + O_2 \longrightarrow O_2 \cdot^- \quad (8-5)$$

$$O_2 \cdot^- + H^+ + e^- \longrightarrow \cdot OH + OH^- \quad (8-6)$$

$$h^+ + H_2O \longrightarrow \cdot OH + H^+ \quad (8-7)$$

$$CR - NiFe_2O_4/ZnO + h^+/\cdot OH/O_2 \cdot^- \longrightarrow NiFe_2O_4/ZnO + CO_2 + H_2O + 其他副产品 \quad (8-8)$$

2. 药品试剂与仪器

（1）药品试剂：氯化铁（$FeCl_3 \cdot 6H_2O$）、硫酸镍（$NiSO_4 \cdot 6H_2O$）、纳米氧化锌（ZnO）、氢氧化钠溶液（6mol/L）、CR 溶液（40mg/L）、pH 试纸。

（2）仪器：天平、量筒、烧杯、塑料滴管、磁子、超声机、磁力搅拌器、水热反应釜、钢套、氙灯、离心管（2mL）。

三、实验步骤

1. 首先分别称取 4mmol 的 $FeCl_3 \cdot 6H_2O$ 和 2mmol 的 $NiSO_4 \cdot 6H_2O$，并分别加入到 25mL 去离子中，得到褐绿色溶液，即为溶液 A。

2. 称取 0.626g 纳米 ZnO，分散于 60mL 去离子水中，并经过超声波处理 60min，形成均匀分散的 ZnO 悬浊液，即为悬浊液 B。

3. 将溶液 A 缓慢滴加到不断搅拌中的悬浊液 B 中，滴加完后，利用 6mol/L 的 NaOH 溶液，将混合体系的 pH 值调至 13 附近。继续对混合体系搅拌 1h，此时混合体系为褐色悬浊液。

4. 将步骤 3 中所得的均匀褐色悬浊液转移到 100mL 高温反应釜中，套上钢套后，置于烘箱中，将烘箱温度升至 180℃，并保温 20h 后，待自然降温到室温后。将得到的最终沉淀物进行洗涤、分离并在 100℃烘箱中烘干，得到 $NiFe_2O_4/ZnO$ 纳米磁性复合材料。

5. 对于 $NiFe_2O_4$ 纳米颗粒的制备过程，只需将步骤 2 中的悬浊液 B 直接用 60mL 去离子水替代，其余步骤 1、3、4 保持不变。

6. 分别称取 10mg 催化剂（ZnO，$NiFe_2O_4$ 和 $NiFe_2O_4/ZnO$），分散于 80mL CR 溶液（40mg/L）中，在遮光条件下，不断搅拌 30min。

7. 暗条件下搅拌 30min 后，开启氙灯，对步骤 6 中所形成的悬浊液进行光照射，并保持悬浊液依然处于不断搅拌状态。

8. 在开灯前，先用塑料滴管从反应液中取出约 2mL 悬浊液，待开灯后，每隔 5min 从反应液中取悬浊液 2mL，对于每次取出的悬浊液都转入离心管中，并置于暗处。光照 30min 后，关闭氙灯。并对所有取出样品进行离心处理，观察各时刻取出的上层清液和催化剂颜色变化情况。

9. 对于三组催化剂的光催化降解过程，除了催化剂不同外，其余各步骤均相同。并分别观察各时刻取出的上层清液和催化剂颜色变化情况。

10. 待三组反应都完成后，对比每组催化剂在光催化反应在 30min 时刻的上层清液和催化剂颜色的区别。

11. 最后，将磁铁石置于反应器外壁，观察剩余反应体系中，催化剂在磁铁作用下的运动变化情况。

四、注意事项

1. 准确称量试剂；
2. 严格按照实验流程操作；
3. 注意安全。

思考题

1. 实验中，在纳米 ZnO 加入到 60mL 去离子水中后，为什么要经过长时间的超声处理？
2. 实验中，为什么要将溶液 A 缓慢滴加到悬浊液 B 中，并在滴加完成后，还要继续对混合体系继续搅拌 1h？
3. 实验中，在开灯之前，为什么需要将反应体系置于暗条件下搅拌 30min？

实验二　贵金属/半导体复合材料的制备及其光吸收性质的测定

一、实验目的

1. 熟悉一种制备金属纳米颗粒的方法；
2. 掌握一种固体粉末材料的光吸收性质的测定方法。

二、实验原理

1. 直接利用 P25 在光激发下产生的自由电子，将吸附在半导体表面的金的前驱离子还原为零价的金原子，并在 P25 表面原位沉积，制备得到 Au/P25 复合材料。

$$AuCl_4^-(溶液) + P25 \longrightarrow AuCl_4^- - P25 \tag{8-9}$$

$$AuCl_4^- - P25 + h\nu \longrightarrow AuCl_4^- - P25(h^+ + e^-) \tag{8-10}$$

$$AuCl_4^- - P25 + e^- \longrightarrow Au/P25 \tag{8-11}$$

$$空穴捕获剂 + h^+ \longrightarrow 氧化产物 \tag{8-12}$$

2. 利用纳米金在可见光区域的等离子共振吸收，并通过与 P25 复合，使复合体系的光吸收性质得到增强。

三、实验材料和装置

1. 仪器（表 8-1）

表 8-1　仪器名称、规格和数量

仪器名称	规　格	数　量
超声机	500W	1 台
磁力搅拌器	0~1200r/min	1 台

仪器名称	规　格	数　量
分析天平	精度 0.1mg	公用
氙灯	300W	1 台
砂芯抽滤装置	1000mL	1 台
移液枪	1000μL	1 支
磁子	1cm	1 个
紫外可见漫反射光谱仪	200~800nm	1 台
量筒	100mL	1 只
烧杯	250mL	1 只
滴管	5mL	若干

2. 试剂（表 8-2）

表 8-2　试剂名称、规格和数量

试剂名称	规　格	用　量
P25	商品化	0.20g
氯金酸溶液	10mg/mL	600μL
甲醇	分析纯	5mL

四、实验步骤

1. 制备 P25 分散液：称取 200mg P25，分散于 100mL 甲醇溶液（甲醇与去离子水的体积比为 5∶95）中，超声并搅拌至形成均匀悬浊液。

2. 光沉积反应：随后利用移液枪移取一定体积的氯金酸溶液（10mg/mL）逐滴加入到步骤 1 中的悬浊液中，使金元素质量为 P25 质量的 3%，并且在滴加过程中悬浊液始终处于不断搅拌过程中。滴加完成后，继续搅拌 5min。然后将所得的悬浊液置于氙灯光源的照射中，照射 30min 后，关闭氙灯。并对最终的悬浊液离心，收集固体沉淀，并在 80℃烘箱中烘干。

3. 紫外−可见吸收光谱的测定：最后分别对 P25 和烘干的样品进行紫外−可见吸收光谱的测定。对比分析 P25 与 Au/P25 样品的吸收谱图差异。

五、注意事项

1. P25 需充分分散；
2. 在光沉积过程中，反应体系需充分搅拌，确保受光均匀。

思考题

实验中，为什么将 P25 分散在甲醇溶液中，而不是纯水中？使用甲醇溶液有什么优势？

实验三　软包锂离子电池的组装及性能表征

一、实验目的

1. 熟悉化学电源的工作原理和制备方法；
2. 掌握软包电池的组装工艺；
3. 掌握表征电池性能的实验技术；
4. 了解三元正极、石墨负极的性能特点。

二、实验原理

1. 锂离子电池工作原理

锂离子电池在工作时可以看作是通过分别在正负极发生氧化还原反应来实现电子传递的，因此首先需要电极材料具备电化学活性，其次，由于电子在正负极之间来回地迁移，为了保证电荷平衡在电池内部必须有相应电荷量的锂离子也要在正负两极间发生迁移，所以正负极材料必须都可以容纳足够的锂离子并且电极材料的结构不会因此发生剧变。以 $LiCoO_2$ 为正极，负极为碳材料的锂离子电池就满足这两个基本的条件，正极材料 $LiCoO_2$ 具有电化学活性可以发生 Co^{2+}/Co^{3+} 的转变，该材料是一种层状结构；负极材料石墨也是一种层状结构可以容纳一定量的 Li^+，并且它的导电性非常好。以 $LiCoO_2$ 为正极，负极为碳材料，电解质为 $LiPF_6$，溶剂为碳酸乙烯酯（EC）和碳酸二甲酯（DMC）的锂离子电池为例，锂离子电池的电化学表达式为：

$$(-)C_n \,|\, LiPF_6 - EC + DMC \,|\, LiCoO_2(+) \tag{8-13}$$

正极反应式：
$$LiCoO_2 =\!=\!= Li_{1-x}CoO_2 + xLi^+ + e^- \tag{8-14}$$

负极反应式：
$$C + xLi^+ + xe^- =\!=\!= Li_xC_6 \tag{8-15}$$

以上述电极材料构成锂离子电池的工作原理如图 8-2 所示。

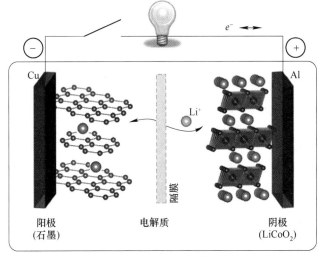

图 8-2　锂离子电池工作原理

由图 8-2 可见，充电时，在电池内部锂离子从正极脱出然后嵌入负极，在电池外电路电子从正极流向负极保证了电荷的平衡；放电时，锂离子脱嵌和电子的迁移方向则是相反的，由此可见锂离子在正负极间来回的迁移造成了电极材料中锂离子浓度的变化，所以锂离子电池实际上可以认为是一种锂离子浓差电池。锂离子电池在工作时仅通过电池内部锂离子在正负极间嵌入和脱出就可以实现电子在外电路的传递从而完成电能的输出和存储。理论上来说只要电极材料的化学结构不发生改变，那么锂离子在电极间的脱嵌可以无限循环下去，因此锂离子电池是一种安全可靠的可逆电池。

2. 锂离子电池的结构和特点

锂离子电池根据电极材料的不同可以组装成各种形状，如图 8-3 所示。无论是哪种形状，锂离子电池的结构总是一定的，在电池的外部是由金属壳组成的正负极集流体，电池内部则主要是负极材料、电解质、隔膜和正极材料，这四种材料构成了锂离子电池的核心部件也被称为电芯。

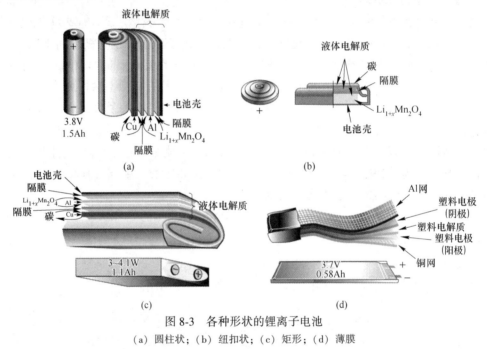

图 8-3 各种形状的锂离子电池

（a）圆柱状；（b）纽扣状；（c）矩形；（d）薄膜

三、实验设备与材料

1. 电池组装设备：可调式涂膜器，搅拌器，点焊机，对辊机，热封机，高纯氩手套箱等。
2. 性能测试设备：蓝电八通道电池测试仪，电化学工作站。
3. 试剂与耗材：CR2500 隔膜、电解液、NCM811 正极粉末、中间相碳微球、1-N 甲基吡咯烷酮、聚偏四氟乙烯（PVDF）、导电炭黑、无水乙醇、玻璃面板、20μm 铝箔、9μm 铜箔、螺口玻璃瓶、烧杯、极耳胶、铝塑膜、磁力搅拌子、镍（铝）极耳等。

四、实验内容及步骤

1. 软包电池的组装

以正极极片为例，负极极片制备采用相同的方法。

（1）混浆料。将 NCM811 正极粉末、导电炭黑和 PVDF 按照 8:1:1 的配比称量，先将黏结剂 PVDF 和少量 NMP 充分搅拌 1h 后混合溶解得到 PVDF 溶液。再加入称量好的 NCM811 和导电炭黑，适当补充 NMP 溶剂使混合浆料具有一定黏稠度的拉丝状混合物，继续搅拌 3h。

注意：为避免材料的浪费，特将实验材料用量指明。1）正极材料中，对于比例为 8:1:1，总重量为 10g 的混料，大约只需要 35mL NMP，（其他参数比例请对照相应参数自动加减最少量为 5mL 的 NMP）。超过此量将会导致浆料过稀，涂布干燥后电极片厚度不均匀，低于此量时，将导致浆料过稠，原料无法完全溶解，影响涂布过程且制成的极片中含有小颗粒影响电池性能。2）负极材料中，对于比例为 8:1，总质量为 9g 的混料，大约需要 30mL NMP，理由同上。

（2）涂覆（将混合物料涂覆在铝箔上）。先打开真空涂膜机的真空开关，铺上铝箔，让铝箔吸附在涂膜机的作业平台上。将刮刀的刀口缝隙调节为 150μm，放置在铝箔的起始端，再将混合物料放入刮刀的刀口下方，保证在涂覆过程中的物料充足。打开涂布开关，涂布机自动将混合物料涂布到铝箔上。

注意：1）根据螺母所对应示数，每改动 10μm，电极片将改变 1.5g/cm^2 的面密度（具体条件下受浆料稠度制约，此为大概数值）。2）涂布刮刀控制厚度变化应从厚变薄。当刮刀的涂布顺序为从厚极片到薄极片时，只需要顺时针扭动左右两边的螺母即可，倘若顺序相反，扭动螺母时刮刀将无法自动改变涂布厚度，需要实验者手动调节，这样不仅影响实验速度，还会导致浆料的浪费以及造成不必要的污染。

（3）通风及真空干燥。将涂布好的铝箔放置通风橱中 10min 后，放入真空干燥箱中在 120℃ 温度下干燥 1h。

（4）辊压。将干燥后铝箔进行辊压。第一次辊压厚度为 0.1mm，第二次辊压厚度为 0.07mm。

（5）模切。然后进行模切，每 10 个正极极片可制备一个软包电池。切好的极片放入真空干燥箱中再次干燥。

注意：负极极片使用中间相碳微球粉、PVDF 按照 8:1 的配比使用相同方法制备，涂覆在铜箔上，改变辊压厚度为 0.05mm。

（6）铝塑膜成型。对电池的铝塑外壳进行冲压，铝壳的胶面向上保证封口时胶面熔融黏结，冲压深度可根据制备电池的容量而定。

（7）叠片。分别取 10 片正负极极片用手工叠片机进行叠片，正负交替，隔膜置于正负极中间。

（8）极耳焊接。将叠片好的电芯在电焊机下焊接，正极极片焊接铝极耳，负极片焊接镍极耳。

（9）顶侧热封。将焊接有极耳的电芯装入成型的铝塑外壳中，使用顶侧热封机进行顶侧热封。

（10）注液静置。从电池侧面注入电解液，在真空静置箱中静置 1min，使电解液中的气泡在负压下排出。

（11）真空封口。含有电解液的电池放入真空封口机中进行封口密封，密封完成后给电池静置 10min，电池制备完成。

2. 软包电池恒流充放电性能测试

八通道电池检测仪对锂离子电池进行充放电检测。软包锂离子电池循环充放电性能检测工步设置如下：

(1) 恒流充电 0.1mA 至 4.8V；

(2) 恒流放电 0.1mA 至 2.0V；

(3) 循环 5 次；

(4) 恒流充电 0.3mA 至 4.8V；

(5) 恒流放电 0.3mA 至 2.0V；

(6) 循环 5 次；

(7) 恒流充电 0.5mA 至 4.8V；

(8) 恒流放电 0.5mA 至 2.0V；

(9) 循环 5 次；

(10) 恒流充电 0.1mA 至 4.8V；

(11) 恒流放电 0.1mA 至 2.0V；

(12) 循环 5 次；

(13) 停止。

3. 交流阻抗法测量电池电极过程参数

使用上海辰华 CHI760E 电化学工作站对软包锂离子电池进行交流阻抗的检测。三电极连接方式，以三元 811 为正极的接工作电极，以石墨为负极的接参比电极和辅助电极，检测频率为 $0.1 \sim 10^5$ Hz。将阻抗的实部（Z'）作为 X 轴，虚部（Z'）作为 Y 轴做出锂离子电池的复平面（Nyquist）图。

五、实验报告要求

1. 画出样品电压–比容量变化曲线；

2. 画出比容量–循环次数、库仑效率–循环次数曲线；

3. 画出软包电池的交流阻抗图。

思考题

1. 怎样计算电池比容量？

2. 组装软包锂离子电池的各个工艺环节分别起到什么作用？

实验四　发光材料的制备表征与点胶

一、实验目的

1. 了解发光材料的基本性质、分类及其应用；

2. 熟悉高温固相烧结法和点胶法的基本原理；

3. 掌握高温固相烧结工艺制备发光材料的方法；

4. 掌握发光材料及发光器件的光学性能和粒径的测定方法。

二、实验原理

1. 发光材料简介

固体物质的发光的原理在于它先吸收外界的能量偏离自己本身的平衡状态，然后在恢复平衡状态的同时向外界发射多余能量这才导致了发光。在这个过程中，往往吸收的能量要比发射出的多。任何发光过程都包括激发、能量运输和光的发射这三个主要环节，光致发光也不例外。以吸收外界的光子能量作为激发能量的发光被称为光致发光。光子能量的吸收和发射都发生在能级之间的跃迁，需要经过基态—激发态—基态的过程。能量的存储和传递发生在不同的激发态之间。

稀土离子其最特别的光学性能主要源于它的 4f 壳层电子结构。镧系元素的三价离子的电子结构是逐步填充的 4f 轨道结构，从 $4f_0$（La^{3+}）过渡到 $4f_{14}$（Lu^{3+}），镧系元素有着十分丰富的电子能级，因其存在 4f 轨道，使得不同的电子跃迁形式和极其丰富的能级跃迁得以发生。因此，镧系三价稀土离子可以吸收或者发射从紫外到红外区的各种波长的光而制备各种各样的发光材料。稀土离子掺杂的无机发光材料根据不同的激活离子会显示出不同的颜色。例如，铕离子发蓝光、铕离子发红光、钐离子发橙光等。除此之外，其他的镧系元素在近红外区域也可以实现发光。

2. 高温固相法的简介

因其工艺成熟，操作简单，大多数的无机发光材料都可利用高温固相法进行制备。该方法主要操作步骤有：原料的称量和混合，选择原料，并按照化学计量比计算各原料，而后将各原料置于玛瑙研钵中混合并研磨均匀；烧结，将混合均匀的产物放入坩埚中，然后放置到炉体中进行加热保温操作，并选择合适的气氛；待粉体在炉子中完成加热保温操作后，随炉冷却至室温取出，将烧结得到的荧光粉进行研磨处理，以待进一步表征。

对于高温固相法来说，烧结条件的选择对最终获得荧光粉的性能具有重大影响，烧结温度影响产物的结晶度，合适的烧结温度可以使产物得到均一的晶相，形成均匀的掺杂中心。气氛则控制掺杂的稀土离子的价态，此外升温速率、保温时间均会对产物的形貌、粒度产生影响，进而影响其发光性能。高温固相法虽然有其独特的优势，然而受制于固态反应物之间离子相互扩散的程度，使获得产物的形貌、粒径具有不均匀性，导致发光效率的降低。

3. 点胶实验简介

荧光粉点胶是将荧光粉与高折射高透光的胶水混合，将混合物固定在 LED 芯片上，以便于与其他器件连接。它不仅将荧光粉密封在 LED 芯片（电致发光原理，该芯片通电可发射出近紫外光）上实现光致发光（由芯片发出的近紫外光激发发光），而且将荧光粉固定和密封起来以保护荧光粉不受水、空气等物质侵蚀而造成光学性能降低。

三、实验设备与材料

1. 制备设备：玛瑙研钵，压片机，马弗炉，管式炉。
2. 测试设备：激光粒度仪，X 射线衍射仪，荧光光谱仪。
3. 试剂与耗材：碳酸锂，氧化钼，氧化铈，硼酸，去离子水，无水乙醇，载玻片，烧杯，刚玉坩埚，近紫外光芯片，高折射高透光硅胶（A、B 胶）等。

四、实验内容及步骤

1. 发光材料的制备

（1）按 $Li_{4-3x}Mo_2O_8:xEu^{3+}$ 化学计量比称取碳酸锂、氧化钼、氧化铕，再加入 3wt% 硼酸作为助熔剂。可按照 Eu^{3+} 离子掺杂浓度（$x=0.4$、0.6、0.8、1.0、1.2）变化和制备温度变化（650~850℃），各进行 5 组实验。

（2）在玛瑙研钵中研磨混合至均匀。

（3）放入刚玉坩埚中，马弗炉设定烧结温度设为 650~850℃，保温 3h 后随炉冷却，制得红色发光材料。

（4）如若制得橙红色发光材料，需在还原气氛下完成。

2. 发光材料的测试与表征

（1）结构测试。使用 X 射线衍射仪对样品进行结构测试，设置电压为 40kV，电流为 40mA，铜靶 $Cu(K_\alpha)=0.15418nm$，$2\theta=10°~80°$，积分时间 0.1s。该测试主要测试样品结构，测试完毕后记录测试结果。

（2）发光性能测试。使用荧光光谱仪对样品进行发光性能测试，主要测试样品的激发光谱与发射光谱，测试完毕记录测试结果。

（3）发光材料的粒度测试。使用激光粒度仪对样品进行粒度测试，测试完毕后记录测试结果。

3. 发光材料的点胶实验

将样品封装至 LED 用 395nm 近紫外光芯片中，制得红光 LED 灯成品。工作电压为 3V 的小灯泡若干、工作范围 1.5~9V 的变压器、A、B 两种封装胶。实验过程如下：

（1）将 A 胶与 B 胶 1∶4 混合，称取 1g A 胶，4g B 胶。

（2）配胶方法：因为 A 胶的黏度较大，所以使用前必须先搅拌 2min。先将主胶 A 胶与荧光粉样品混合并充分搅拌后加入固化剂 B 胶。加入固化剂后需要搅拌 5min（由于胶水黏度太大，此处使用玻璃棒手动搅拌，而没有用磁力搅拌器）

（3）点胶以灯泡支架满杯凸一点点为最佳，干燥后胶为平杯即可。

（4）干燥条件：60℃/40min+135℃/80~100min。点胶后第一时间放入干燥箱干燥，以免表面吸潮造成荧光胶表层起皱或脱落。

（5）干燥结束，拿出样品，将小灯泡通电进行测试。

4. 发光芯片的性能测试（选做）

（1）芯片发光强度测试。无论是应用于显示或照明工程，LED 的光强都是十分重要的参数。将所制得的发光芯片使用 LED 显微光辐射分析仪进行发光强度测试，记录测试结果。

（2）芯片主波长和色纯度的测试。任何一种光源的颜色均可用 CIE1931XYZ 色度系统中的一个坐标点（x，y）来表示，对于彩色 LED，用主波长和色纯度更能直观地表达发光的颜色特性。LED 的主波长表明了颜色的色调，色纯度表明了颜色的鲜艳程度。将所制得的发光芯片使用 LED 光色检测仪进行色纯度测试，记录测试结果。

（3）芯片光通量的测试。光源发射的辐射通量中能引起人眼感知的那部分当量，称作光通量。将所制得的发光芯片使用 LED 光色检测仪进行光通量测试，记录测试结果。

五、实验报告要求

1. 写出实验目的及内容；
2. 列表详细记录实验过程中的工艺参数；
3. 总结归纳不同制备工艺参数下发光材料结构、发光性能和粒度的测试结果。

思考题

1. 光致发光的原理是什么？
2. 归纳分析高温固相法制备发光材料过程中，发光材料结构、发光性能和粒度的影响因素，并分析是如何影响的？

实验五 水热法制备 SnS_2 及其储锂性能研究

一、实验目的

1. 了解锂离子电池电极材料的制备方法及电极的构成；
2. 掌握纽扣锂离子电池组装的基本方法；
3. 掌握锂离子电池工作原理、性能测定方法及相关性能测试结果的分析。

二、实验原理

1. 水热法原理

水热反应过程是指在一定的温度和压力下，在水、水溶液或蒸汽等流体中所进行有关化学反应的总称。按水热反应的温度进行分类，可以分为亚临界反应和超临界反应，前者反应温度在 $100 \sim 240 \, ^\circ\!C$ 之间，适于工业或实验室操作。后者实验温度已高达 $1000 \, ^\circ\!C$，压强高达 $0.3GPa$，是利用作为反应介质的水在超临界状态下的性质和反应物质在高温高压水热条件下的特殊性质进行合成反应。

在水热条件下，水可以作为一种化学组分起作用并参加反应，既是溶剂又是矿化剂，同时还可作为压力传递介质；通过参加渗析反应和控制物理化学因素等，实现无机化合物的形成和改性。既可制备单组分微小晶体，又可制备双组分或多组分的特殊化合物粉末。克服某些高温制备不可避免的硬团聚等，其具有粉末细（纳米级）、纯度高、分散性好、均匀、分布窄、无团聚、晶型好、形状可控和利于环境净化等特点。

2. SnS_2 作为锂离子电池负极材料简介

SnS_2 是一种典型的 IV-VI 族 n 型半导体材料，具有层状六方 CdI_2 型晶体结构，每个 Sn^{4+} 与近邻的 6 个 S^{2-} 形成八面体配位的三明治结构。两层密堆积的 S^{2-} 之间填充一层 Sn^{4+}，构成了 SnS_2 晶体的两个（001）面，相邻的（001）面之间则由较弱的范德华力结合在一起。与其他锡基材料类似，作为一种锂离子电池负极材料，SnS_2 通过 Li 与 Sn 的可逆合金化反应，具有较低的嵌锂电压和较高的理论容量（645mAh/g），这是锡基材料共同优势。与其他锡基材料不同，SnS_2 具有特殊的层状晶体结构以及较大（001）面间距，这种结构更有利于充放电过程中锂离子的嵌入和脱出，这是 SnS_2 作为锡基材料的特有优势。

3. 锂离子电池工作原理简介

锂离子电池是在以金属锂及其合金为负极的锂二次电池基础上发展来的。在锂离子电池中，正极是锂离子嵌入化合物，负极是锂离子插入化合物。在放电过程中，锂离子从负极中脱出，向正极中嵌入，即锂离子从高浓度负极向低浓度正极的迁移；相反，在充电过程中，锂离子从正极中脱嵌，向负极中插入。这种插入式结构，在充放电过程中没有金属锂产生，避免了枝晶，从而基本上解决了由金属锂带来的安全问题。在充放电过程中，锂离子在两个电极之间来回地嵌入和脱嵌，被形象地称为"摇椅电池"（rocking chair batteries），它的工作原理如图 8-4 所示。

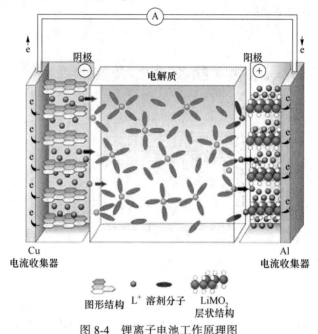

图 8-4　锂离子电池工作原理图

锂离子电池的电化学表达式为：

$$(-)C_n \mid 电解质 \mid LiMO_x(+) \tag{8-16}$$

正极反应：

$$LiMO_x \rightleftharpoons Li_{1-y}MO_y + yLi^+ + ye^- \tag{8-17}$$

负极反应式：

$$C_n + yLi^+ + ye^- \rightleftharpoons Li_yC_n \tag{8-18}$$

电池总反应：

$$LiMO_x + C_n \rightleftharpoons Li_{1-y}MO_y + Li_yC_n \tag{8-19}$$

实际上，电化学活性材料通常因为导电性差，需要添加石墨导电剂，与其混合，并以聚合物分子作为黏合剂，将活性物质、导电剂均匀混合涂布成薄膜，作为锂离子电池的电极片。

三、实验设备与材料

1. **制备设备**：电子天平、烧杯、反应釜、管式炉、超声波清洗机、电池封口机、电池冲片机、手套箱等。

2. 测试设备：电化学工作站、蓝电测试系统。

3. 试剂与耗材：氯化锡、硫代乙酰胺、导电剂、聚偏氟乙烯、N-甲基吡咯烷酮、无水乙醇等。

四、实验内容及步骤

1. SnS_2 样品的制备

将 4mmol 五水合四氯化锡（$SnCl_4 \cdot 5H_2O$）和 10mmol 硫代乙酰胺（TAA）溶解在 80mL 去离子水中，搅拌成澄清溶液，超声分散 30min 后，将溶液转移至聚四氟乙烯内胆中，密封置入 160℃ 烘箱中保温 12h 后。自然冷却，得到的产物通过水、乙醇多次离心清洗，80℃ 烘干，样品即为 SnS_2。

2. 正极片的制备

80%（质量分数）活性材料，10% 的乙炔黑，10%（质量分数）分散于 N-甲基吡咯烷酮的聚偏氟乙烯（PVDF）搅拌 12h 至形成均一电极浆料。将此浆料均匀地涂于铜箔表面，将制成的电极极片置于真空干燥箱 80℃（锂硫电池为 55℃）真空烘干，使 N-甲基吡咯烷酮完全挥发。

3. 纽扣锂离子电池的组装

（1）冲片：用纽扣电池冲片机将干燥好的正极片冲成圆片。

（2）压片：用微型等静压机将冲好的圆正极片压片。

（3）再干燥：压好的正极片真空干燥超过 2h。

（4）称重：将各正极极片称量、并计算电极片的活性物质的质量、编号，放入真空手套箱中待装电池。

（5）组装电池：电池组装流程图如图 8-5 所示。

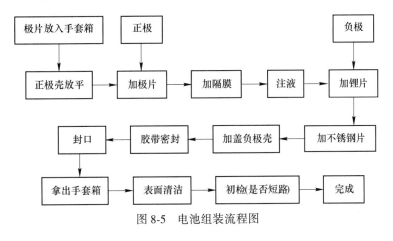

图 8-5　电池组装流程图

4. 电化学性能测试

（1）循环伏安测试。

循环伏安法（cyclic voltammograms，CV）是研究电极材料在电解液中所发生的电化学反应的一种常用方法，可得到电极反应的性质、机理以及电极过程动力学参数等信息。

CV 测试在电化学工作站 CHI660D 上进行，参数设定一般为：电压范围为 0.01～3V，电压扫描速率为 0.1mV/s，测试在室温下进行。测试结果如图 8-6 所示。

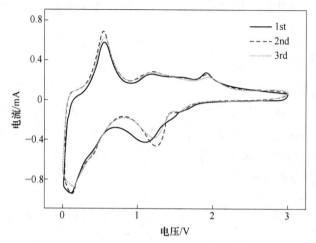

图 8-6　样品 SnS_2 在扫描速率为 0.1mV/s 时前三个循环伏安曲线

（2）充放电循环测试及倍率性能测试。

充放电性能测试在武汉 LAND CT2001A 型自动测试系统上进行，主要包括倍率性能测试以及循环稳定性的测试，其充放电电压范围为 0.01～3V，其电流值根据活性物质的质量计算得到，测试均在室温下进行。其中倍率性能测试采用恒流和恒压充电，再恒流放电；循环稳定性测试采用恒电流充放电模式。其充放电曲线如图 8-7 所示。

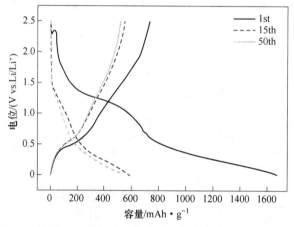

图 8-7　样品 SnS_2 在 100mAh/g 的电流密度下的充放电曲线

（3）交流阻抗测试。

采用电化学工作站 CHI760E 对所组装电池进行交流阻抗（electrochemical impedance spectroscopy）测试。电化学体系中，作为电荷载体的电极中的电子和电解液中的离子，在电极与电解液的界面上相接触发生反应。这种两相界面上的电化学反应与界面的性质密切相关，阻抗是用来描述界面性质的一个重要参数，通过测量交流阻抗可以了解界面的性质以及电极反应动力学及反应机理。其中阻抗 $Z = R_s + l / [(l/R_{ct} + j\overline{\omega}) C_d]$，$R_s$ 为溶液电阻即对电极与工作电极之间，电解质之间的电阻；R_{ct} 为电荷转移电阻；C_d 为工作电极与电解质间的电容。实验中设定的频率范围为 $10^5 \sim 10^{-1}$ Hz，振幅为 5mV，测试在室温下进行。在测试前对模拟电池进行充放电，使工作电极处在特定的稳定电位。

五、实验报告要求

1. 写出实验目的及内容；
2. 详细记录实验过程、数据和参数。

思考题

1. 浆料混合、制备电极片有什么需要注意事项？
2. 试分析造成锂电池内部短路的原因。
3. 试分析影响电池性能的因素。

实验六　氮、硫共掺杂石墨烯锂离子电池负极材料的
制备及储锂性能测试

一、实验目的

1. 了解石墨烯的结构及特性；
2. 熟悉水热法的基本原理；
3. 掌握水热法制备氮、硫共掺杂石墨烯的制备方法；
4. 掌握锂离子版电池组装工艺及氮、硫共掺杂石墨烯的储锂性能测试方法。

二、实验原理

1. 氮、硫共掺杂石墨烯

石墨烯是一种具有特殊的二维层状结构材料，石墨烯结构中每个碳原子以 sp2 杂化轨道通过 σ 键与相邻的三个碳原子相连接，使石墨烯结构具有很好的稳定性。此外，石墨烯具有导电性好、比表面积大和优异的机械柔性等优点，这些优点以及其特殊的二维层状结构使其在众多领域有着很广泛的应用，尤其是在储能器件领域。石墨烯作为电极材料，可以应用在碱金属离子（Li^+、Na^+、K^+）电池、超级电容器、太阳能电池和储氢材料等领域。当石墨烯应用于碱金属离子电池负极材料方面，其大的比表面积与传统的石墨电极相比更容易吸附和存储 Li^+（Na^+、K^+）离子，且其上下表面都可以进行 Li^+（Na^+、K^+）离子的存储，获得比石墨电极更高的比容量，使其具有巨大的应用价值和发展前景。

然而，石墨烯是零带隙半导体材料，表面大量的含氧基团的存在一定程度上影响了其导电性。因此，通过化学或者物理方法进一步拓宽石墨烯的带隙可以有效拓宽石墨烯在储能器件中的应用。其中异质元素的化学掺杂是一种进一步提高石墨烯导电性的有效手段。异质元素的掺杂可以改变石墨烯碳原子的自旋密度和电荷分布，增加石墨烯的表面缺陷，在石墨烯表面提供更多的活性位点。先前的报道和理论计算结果表明，将 N，B，S 或 P

等杂原子的引入使得石墨烯的电导率和化学活性得到显著的提高。

2. 水热法的原理

水热法是指在特制的密闭反应器（高压釜）中，采用水溶液作为反应体系，通过对反应体系加热、加压（或自生蒸汽压），创造一个相对高温、高压的反应环境，使得通常难溶或者不溶的物质溶解，并且重结晶而进行无机合成与材料处理的一种有效方法。

在水热条件下，水既作为溶剂又作为矿化剂，在液态或气态还是传递压力的媒介，同时由于在高压下绝大多数反应物均能部分溶解于水，从而促使反应在液相或气相中进行。水热法近年来已广泛应用于纳米材料的合成，与其他粉体制备方法相比，水热法合成纳米材料的纯度高、晶粒发育好，避免了因高温煅烧或者球磨等后处理引起的杂质和结构缺陷。

三、实验设备与材料

1. 制备设备：水热釜、烘箱、超声波清洗机、手套箱、离心机等。
2. 测试设备：电化学工作站、蓝电电池测试系统等。
3. 试剂与耗材：氧化石墨烯分散液、2,5-二巯基噻二唑、去离子水、无水乙醇、纽扣电池壳、锂离子电池隔膜、铜箔、锂离子电池电解液、导电炭黑、PVDF 等。

四、实验内容及步骤

1. 氮、硫共掺杂石墨烯的制备

称取 300mg 制备得到的氧化石墨烯加入到 80mL 去离子水中，超声分散时间为 2h，使氧化石墨烯均匀分散在去离子水中。随后向上述氧化石墨烯分散液中加入 2,5-二巯基噻二唑（$C_2H_2N_2S_3$，TDDT）600mg，超声分散时间为 1.5h，搅拌至 TDDT 溶解。将得到的氧化石墨烯分散液转移至 100mL 水热釜中，于 180℃下水热反应 12h，反应得到产物用去离子水和无水乙醇分别洗涤 3 次，冷冻干燥，得到氮、硫共掺杂石墨烯。

2. 锂离子电池的组装

称取实验合成材料、乙炔黑和聚偏氟乙烯按质量比 8∶1∶1，分散剂采用 N-甲基吡咯烷酮（NMP），将混合物充分研磨混合，控制 NMP 量得到黏度合适的浆料。将上述所得浆料涂覆在铝箔（正极材料采用铝箔、负极材料采用铜箔）上，真空干燥箱 120℃下干燥 6~8h，用冲孔机将所得涂有材料的铝箔（铜箔）切成 12mm 大小的圆片，为正极片（负极片）。采用购买的纯 Li 片作对电极。采用 Celgard 2300 作为锂电扣式电池隔膜。电解液采用 1mol/L $LiPF_4$（EC+DMC+EMC，体积比为 1∶1∶1）作为锂电电解液。

3. 氮、硫共掺杂石墨烯储锂性能测试

（1）恒电流充放电测试。

恒电流充放电测试是对所制备的样品组装电池后，在恒定的电流密度下对所组装的锂（钠、钾）半电池进行充放电的测试。对所制备材料电极的比容量大小、倍率性能及循环性能等参数进行测试。电极测试均在 25℃恒温箱中，根据材料的不同，以及材料测试条件的不同，采用不同的电压范围，对所制备的纽扣式半电池进行充放电测试。测试所采用 LAND BTI-10 电池性能测试系统上进行。

（2）循环伏安测试。

本实验循环伏安测试采用型号为 CHI660 型电化学工作站，在室温条件下进行测试，循环伏安的电压区间根据所测材料的电压窗口进行设置，扫描速度为 $0.1 \sim 1 \text{mV/s}$。通过分析得到的电压-电流曲线，对电极反应的可逆程度，电极反应过程进行判断。

（3）交流阻抗测试。

电化学阻抗（EIS）是研究电化学反应过程的重要测试手段之一。本实验采用型号为 CHI660 型电化学工作站，在室温条件下对实验所制备的纽扣电池进行测试。测试频率范围为 $100 \text{kHz} \sim 0.01 \text{Hz}$，对不同条件下样品的阻抗谱进行比较，判断不同电极的内阻及扩散电阻大小，对电极的电化学性能进行判断。

五、实验报告要求

1. 写出实验目的及内容；
2. 列表详细记录实验过程中的工艺参数；
3. 总结氮、硫共掺杂石墨烯锂离子电池负极材料的电化学性能。

思考题

归纳分析水热法制备氮、硫共掺杂石墨烯过程中，影响其电化学性能的影响因素，并分析是如何影响的？

实验七　水系锌离子电池制备及性能测试

一、实验目的

1. 掌握水系锌离子电池组成；
2. 熟悉水系锌离子的工作原理；
3. 掌握水热法制备 MnO_2；
4. 掌握锌离子电池的测试方法。

二、实验原理

1. 水系锌离子电池概述

1799 年，金属锌第一次用作电池的电极材料，得益于高理论容量、低氧化还原电位相对、低成本和高安全性，金属锌成为一次/二次锌基电池大家庭中最为理想负极材料之一。锌离子电池具有的大电流充放电、能量密度高、功率密度高等特点，有望应用于大中型储能应用中，如下一代电动汽车的动力电池及作为新能源电网间歇性电源的负载均衡等。

2. 水系锌离子电池组成

锌离子电池主要由锌负极、正极材料、隔膜和电解液组成。金属锌具有储量丰富、低成本、低易燃性和毒性，电导率高，易于加工，在水中的时候其相容性以及稳定性较高等特点，这使得它成为了水基电池的理想负极材料。此外，在水系电解质中，锌负极的氧化还原电位（-0.76V vs. SHE）较为理性，同时又有高的容量和低的极化率。

对于电池的发展和应用来说，合适的正极材料能够使其达到高容量，在客体离子的存储过程中维持结构的稳定。但是，正极材料的种类也较为局限，现在研究较多的有锰基材料、普鲁士蓝类似物、钒基材料和聚阴离子化合物等。

电解质作用在于传输客体离子，在负极和正极之间建立连接。水系电解质的使用在低成本、操作安全、易于制造、环境友好和高离子电导率等方面具有许多优点。目前，前景较好的电解质是 $ZnSO_4$ 和 $Zn(CF_3SO_3)_2$。电解质方面的改性主要集中于改变锌盐的浓度以及加入添加剂，以达到稳定离子运输和减缓正、负极溶解或腐蚀的效果。

3. 锌离子电池充放电原理

目前，公认的锌离子电池氧化还原反应机制有三种，分别是 Zn^{2+} 插层/脱层机制、化学转化机制以及 H^+/Zn^{2+} 插层/脱层机制，具体如下：

（1）Zn^{2+} 插层/脱层机制：Zn^{2+} 的离子半径较小，这就使得其较容易插入一些隧道或层状结构的宿主材料中，$Zn//MnO_2$ 体系中的电荷储存机制是基于 Zn^{2+} 在 MnO_2 正极隧道和 Zn 负极之间的迁移，这就是典型的 Zn^{2+} 插入/脱出反应机理。具体反应式如下：

$$正极反应： \quad Zn^{2+} + 2e^- + 2MnO_2 \Longleftrightarrow ZnMn_2O_4 \tag{8-20}$$

$$负极反应： \quad Zn \Longleftrightarrow Zn^{2+} + 2e^- \tag{8-21}$$

（2）化学转化机制：该体系的原理是 MnO_2 和 $MnOOH$ 之间的化学转化反应机理。该研究中，在完全放电状态下，MnO_2 与水中的质子的反应产物为 $MnOOH$ 相，随后 OH^- 会与水系电解质中的 $ZnSO_4$ 和 H_2O 反应生成 $ZnSO_4[Zn(OH)_2]_3 \cdot xH_2O$ 相，这可以使体系达到电荷中性；而负极则涉及金属 Zn 的溶解与沉淀。具体反应式如下：

$$正极反应： \quad H_2O \Longleftrightarrow H^+ + OH^- \tag{8-22}$$

$$MnO_2 + H^+ + e^- \Longleftrightarrow MnOOH \tag{8-23}$$

$$3Zn^{2+} + OH^- + ZnSO_4 + xH_2O \Longleftrightarrow ZnSO_4[Zn(OH)_2]_3 \cdot xH_2O \tag{8-24}$$

$$负极反应： \quad Zn \Longleftrightarrow Zn^{2+} + 2e^- \tag{8-25}$$

（3）H^+/Zn^{2+} 插层/脱层机制：当宿主材料具有开放的隧道或分层的框架时，它就允许 H^+ 和 Zn^{2+} 共插入，这两种反应发生在不同的两个区域中，这一点可以通过电化学和结构的分析来识别，一般放电曲线的两个平台分别对应两种离子的插层反应。

三、实验设备与材料

1. 制备设备：烘箱、水热反应釜、离心机、马弗炉等。

2. 测试设备：蓝电测试系统、电化学工作站 CHI760E。

3. 试剂与耗材：高锰酸钾、硫酸铵、聚偏氟乙烯（PVDF）、N-甲基-2-吡咯烷酮（NMP）、乙炔黑、去离子水、无水乙醇、烧杯、磁力搅拌子等。

四、实验内容及步骤

1. MnO_2 的制备

取 1mmol $KMnO_4$ 和 0.5mmol $(NH_4)_2SO_4$ 溶解于 40mL 去离子水。加入水热反应釜中，在 140℃ 温度的烘箱中热处理 24h。反应结束后，用水和酒精各洗三次，采用离心技术收集粉末样品；然后，置于 80℃ 烘箱中烘干 24h。最后，在马弗炉中 300℃ 烧结 1h。将制备的样品密闭保存，待用。

2. MnO$_2$ 的电极片的制备

将制备好的活性材料（MnO$_2$ 样品），乙炔黑和 PVDF 按质量比为 7∶2∶1，分散在 NMP 中，制成均匀的浆料，均匀地涂敷在 Ti 片（1cm×1cm）表面得到电极片。电极片的活性材料的负载量为：1~2mg/cm^2，电极片在 80℃ 真空干燥 24h 后，裁剪成直径 12mm 的圆片作为正极。将正极片予以金属锌箔为负极，以 2mol/L ZnSO$_4$+0.1mol/L MnSO$_4$ 为电解液，组装成 CR-2032 纽扣电池。采用蓝电测试系统（LAND-CT2001A）进行不同电流密度下的循环稳定性能、倍率性能进行测试。

3. 数据分析处理

将电池的测试数据，采用 Origin 软件作图。主要作电池充放电曲线图，倍率性能图和循环性能图，并分析电池性能。

五、实验报告要求

1. 写出实验目的及内容。
2. 列表详细记录实验过程中的工艺参数。
3. 总结 MnO$_2$ 基电池的性能。

思考题

简述锌离子电池的优点，以及面临的问题和需要改善的地方。

实验八　铜基金属有机框架纳米颗粒的制备及其类酶性质研究

一、实验目的

1. 了解金属有机框架材料的定义、组成及其性质；
2. 了解常见的纳米酶材料；
3. 熟悉 Cu-BDC-NH$_2$ 纳米颗粒的组成、结构及其过氧化物酶活性。

二、实验原理

1. 金属有机框架材料

金属-有机框架（Metal-Organic Frameworks，MOFs）材料是由金属离子或团簇与有机配体通过配位键或分子间超分子相互作用力组装而成的一类新型的有机-无机杂化的多孔材料。MOFs 主要是由金属离子或金属离子簇和有机配体两部分组成。MOFs 材料的金属中心包括主族元素、镧系金属、过渡元素等，几乎涵盖了所有金属，其中应用较多的为 Ce、Fe、Cu 等。有机单元又称为连接子，通常是单价、二价、三价或四价的配体。金属中心和有机配体的不同决定了 MOFs 的结构和性质的不同。常见的过渡金属元素与羧基、胺基、磷酸基、磺酸基等有机配体结合可以获得丰富的活性中心，得到催化能力好且高度有序的 MOFs 材料。MOFs 材料具有超大的比表面积，超高的孔隙率，以及其结构具有极强的可修饰性和功能化等特性，常被用于气体存储与分离、传感器、异相催化等领域。

2. 纳米酶材料

纳米酶是一种人工酶，又称纳米模拟酶，是指一类具有酶活性的纳米材料。2007 年，科学家发现 Fe_3O_4 纳米颗粒本具有内在类似辣根过氧化物酶（horseradish peroxidase, HRP）的催化活性，无需在其表面修饰任何催化基团。磁纳米颗粒在过氧化氢存在时，可催化 HRP 的多种底物发生氧化反应，并产生与 HRP 催化完全相同的颜色。与天然酶相比，纳米酶具有性质稳定，催化活性可调，对外界环境耐受性强，制备过程简单，制造及储存成本低，以及易于大规模生产等优点。

常见的纳米酶材料主要有过渡金属氧化物纳米材料、过渡金属硫化物纳米材料、贵金属纳米颗粒、碳纳米管、氧化石墨烯、碳量子点和金属有机框架纳米材料等等。近年来，纳米技术的飞速发展，纳米酶材料已经广泛应用在生物传感、免疫分析、癌症诊断和治疗等领域。

3. $Cu\text{-}BDC\text{-}NH_2$ 纳米颗粒

$Cu\text{-}BDC\text{-}NH_2$ 作为一种十分典型的 MOFs 材料，是以 2-氨基对苯二甲酸和铜离子为原料水热制得，其结构如图 8-8(a) 所示。$Cu\text{-}BDC\text{-}NH_2$ 具有类过氧化物酶活性，可催化氧化 3,3′,5,5′-四甲基联苯胺（3,3′,5,5′-tetramethylbenzidine，TMB），生成蓝色的氧化态 $TMB(TMB_{ox})$，反应方程式如图 8-8(b) 所示。TMB_{ox} 在 655nm 处有明显的吸收峰。

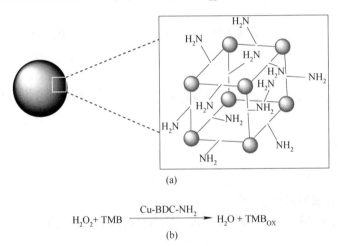

(a)

$$H_2O_2 + TMB \xrightarrow{\text{Cu-BDC-NH}_2} H_2O + TMB_{OX}$$

(b)

图 8-8 $Cu\text{-}BDC\text{-}NH_2$ 纳米颗粒的结构(a)和催化显色反应方程式(b)

三、实验设备与材料

1. 制备设备：烘箱、真空干燥箱、离心机、水浴锅、超声清洗机。

2. 测试设备：X 射线衍射仪、傅里叶红外光谱仪、紫外可见分光光度计（UV-mini）。

3. 试剂与耗材：聚乙烯吡咯烷酮（简称 PVP）、硝酸铜（$Cu(NO_3)_2 \cdot 3H_2O$）、氨基对苯二甲酸、无水乙醇、N,N-二甲基甲酰胺（简称 DMF）、双氧水、3,3′,5,5′-四甲基联苯胺盐酸盐、盐酸、二甲亚砜、去离子水、25mL-反应釜、移液枪（1mL）、移液枪头（1mL）、离心管（1.5mL）、双面胶等。

四、实验内容及步骤

1. Cu-BTC-NH$_2$ 纳米颗粒的制备

（1）将 0.20g PVP 分散在含有 4mL DMF 和 4mL 乙醇的混合溶剂中。

（2）将溶解在 4mL DMF 中的 24.2mg CuNO$_3$·3H$_2$O（0.1mmol）和 5.43mg 2-氨基对苯二甲酸（0.03mmol）加入上述溶液中。

（3）将上述溶液在超声 20min。

（4）将所得溶液转移到 25mL-聚四氟乙烯内衬的不锈钢高压釜中，并在 100℃ 下水热反应 8h。

（5）离心收集所得产物，水洗，并在真空干燥箱中干燥后备用。

2. Cu-BTC-NH$_2$ 纳米颗粒的表征

（1）X 射线衍射分析。

采用布鲁克 D8 ADVANCE X 射线衍射仪，对所得产品进行物相组成分析。主要工作参数：管电压 40kV，管电流 40mA，连续扫描，测量角度 10°~80°。所得产品被压载在载玻片的凹槽内进行测试，保证压面平整与载玻片平齐。测量完成后，将所得图谱数据以 txt 格式保存。

（2）红外光谱分析。

在红外灯下，采用压片法，将研成 2μm 左右的粉末样品 1~2mg 与 100~200mg 光谱纯 KBr 粉末混匀再研磨后，放入压模内，在压片机上边抽真空边加压，压力约 10MPa，制成厚约 1mm，直径约 10mm 的透明薄片。采集背景后，将此片装于样品架上，进行扫描，看透光率是否超过 40%，若达到，测试结果正常，若未达到 40%，需根据情况增减样品量后，重新压片。测量完成后，将所得图谱数据以 txt 格式保存。

3. Cu-BTC-NH$_2$ 纳米颗粒的类酶催化性能研究

（1）将所得 Cu-BTC-NH$_2$ 分散到去离子水，制备 0.2mg/mL Cu-BTC-NH$_2$ 分散液。

（2）在 400μL 0.2mol/L HCl 中依次加入 160μmol/L 3,3′,5,5′-四甲基联苯胺盐酸盐和 20mm H$_2$O$_2$，超声分散均匀。

（3）移取 400μL 0.2mg/mL Cu-BTC-NH$_2$ 分散液加入上述溶液中。

（4）将上述混合溶液置于 45℃ 水浴中，反应 10min。

（5）反应结束后，观察溶液颜色变化情况，并用测试反应前后的溶液的紫外可见吸收光谱。

五、实验报告要求

1. 写出实验目的及内容；

2. 列表详细记录实验过程中的实验参数；

3. 详细分析实验所得 X 射线衍射图谱、红外光谱图和紫外可见吸收光谱图。

思考题

请分析 Cu-BTC-NH$_2$ 纳米颗粒中体现过氧化物酶催化活性的元素是什么？

实验九　透明导电薄膜的制备及性能测试

一、实验目的

1. 了解透明导电薄膜的基本性质、分类及其应用；
2. 熟悉溶胶凝胶法和浸渍提拉技术的基本原理；
3. 掌握溶胶凝胶浸渍提拉工艺制备透明导电薄膜的方法；
4. 掌握透明导电薄膜光、电性能及膜厚的测定方法。

二、实验原理

1. 透明导电薄膜简介

透明导电薄膜是薄膜材料科学中最重要的领域之一。它的基本特性是在可见光范围内，具有低电阻率，高透射率。根据导电层材料的不同，目前应用的透明导电膜主要分为：金属系、高分子膜系、复合膜系及氧化物膜系（或称半导体）等。透明导电薄膜材料在气体敏感器，太阳电池，热反射器，防护涂层，透光电极，在高功率激光技术中抗激光损伤涂层，光电化学电池中的光阴极，轨道卫星上温度控制涂层上的抗静电表面层等许多方面得到了广泛的应用。目前用得最多的透明导电薄膜有氧化铟（In_2O_3）、二氧化锡（SnO_2）和氧化锌（ZnO）。这些薄膜的性质取决于薄膜的结构，化学配比，杂质含量以及制备工艺参数。

其中，SnO_2 及其掺杂化合物是第一个投入商用的透明导电材料，主要有 SnO_2、SnO_2：F、SnO_2：Sb 等。SnO_2 及其掺杂都具有四方金红石型结构，如图 8-9 所示。

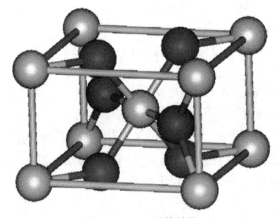

图 8-9　SnO_2 晶体结构

扫一扫查看彩图

在图 8-9 中，正方体顶点为 Sn 原子，SnO_2 单胞中由两个 Sn 和四个 O 原子组成，晶格常数为 $a=b=0.4737nm$，$c=0.3186nm$，$c/a=0.637$。O^{2-} 离子半径为 0.140nm，Sn^{4+} 离子半径为 0.071nm。SnO_2 的载流子主要来自晶体中存在的缺陷，即氧空位。其他间隙原子或其他掺杂杂质，它们可作为施主或受主提高 SnO_2 的导电性。最常用的掺杂元素有 Sb、F、P、Te、W、Cl，如掺 Sb 或 F 分别表达式为 SnO_2：Sb(ATO) 和 SnO_2：(FTO)。通过掺杂，Sb^{5+}进和F^-进入SnO_2晶格，提供一额外的电子，从而大大提高SnO_2的导电能力。

2. 溶胶−凝胶法的原理

溶胶−凝胶（Sol-Gel）合成是一种新型的薄膜材料制备技术，能代替高温固相合成反应制备陶瓷、玻璃和许多固体材料。由于其工艺简单，易于实现多组分的匀相掺杂，反应温度低，以及易于制备大面积薄膜等优点，近年来受到广泛的重视。

溶胶−凝胶法制备薄膜的基本原理是：将金属醇盐或无机盐作为前驱体，溶于溶剂（水或有机溶剂）中形成均匀的溶液，溶质与溶剂产生水解或醇解反应反应生成物聚集成几个纳米左右的粒子并形成溶胶，再以溶胶为原料通过浸渍法或旋涂法在衬底上形成液膜，溶胶膜经凝胶化及干燥处理后得到干凝胶膜，最后在一定的温度下烧结即得到所需的晶态或非晶态薄膜。

3. 浸渍提拉法简介

浸渍提拉法是将整个洗净的基板浸入预先制备好的溶胶之中，然后以精确控制的均匀速度将基板平稳地从溶胶中提拉出来，在黏度和重力作用下基板表面形成一层均匀的液膜，紧接着溶剂迅速蒸发，于是附着在基板表面的溶胶迅速凝胶化而形成一层凝胶膜。这种镀膜方法，工艺简单，在室温下操作，无需昂贵的设备，可以在复杂的样品形状表面镀膜。多次重复上述过程，就获得所需厚度的膜。

三、实验设备与材料

1. 制备设备：数控浸渍提拉机、加热台、马弗炉、超声波清洗机、pH 计等。

2. 测试设备：紫外可见光分光光度计（UVmini）、四探针测试仪、台阶仪、万用表。

3. 试剂与耗材：氯化锡、氯化亚锡、氟化铵、锌粉、盐酸、去离子水、成膜剂、冰醋酸、无水乙醇、载玻片、烧杯、3M 胶带、磁力搅拌子等。

四、实验内容及步骤

1. 玻璃清洗

（1）首先用洗洁精清洗玻璃基体，再用流水冲洗干净。这样可以去除玻璃基片上的油污、灰尘、可溶性物质和其他不溶性物质。

（2）接着将玻璃基体用去离子水清洗，这时玻璃基体上的水应该形成均匀的水膜。

（3）将玻璃基体放入超声波清洗液中进行 15min 的清洗，以确保能达到最大程度清洁。

（4）取出玻璃基体，放入烘干箱中进行烘干。密闭保存，待用。

2. SnO_2：F 溶胶的配置

（1）配置 0.4mol/L 的 SnO_2 溶胶，总体积为 50mL，用电子天平量取相应 $SnCl_2 \cdot 2H_2O$ 加入过量无水乙醇（EtOH）中，在 70℃下快速搅拌使 $SnCl_2 \cdot 2H_2O$ 完全溶解，即为混合溶液 A，共制备 5 组。

（2）将 $H_2O/SnCl_2 \cdot 2H_2O = 4$（摩尔比）的去离子水缓慢滴加于混合液 A 中并充分搅拌，即为混合液 B。

（3）然后滴加适量冰醋酸调节 pH=2~3。

（4）在 70℃下先非密闭搅拌 1h，再密闭搅拌 2h。

（5）充分搅拌后加入不同比例的 NH_4F，搅拌 2h。静置 24h 后得到所需要的 SnO_2：F 溶胶。

3. SnO_2：F 薄膜的制备及热处理

采用浸渍提拉工艺，在 SnO_2：F 溶胶中静置 30s，提拉速度为 180mm/min，将提出的试样在室温下静置 5min，然后放入 150℃ 马弗炉中干燥 20min，取出冷却至室温，重复这一过程镀制多层膜，直至达到所需厚度，最后分别制备 4 层、6 层、8 层、10 层和 12 层的 FTO 透明导电薄膜试样。最后将样品置入 500℃ 的马弗炉保温 30min 得到最终样品。

4. SnO_2：F 薄膜的性能测试

（1）光学性能测试。

将所制得的样品使用紫外可见光分光光度计（UVmini）进行可见光透过率的测试，以 380~800nm 波长为测试范围测试样品的透过率，记录测试结果。

（2）电学性能测试。

本实验采用万用表和四探针测试仪测量薄膜的电阻和表面方块电阻，保持万用表探针在薄膜上的距离为 1cm，在每个玻璃的每个面上进行 5 次测量，记录测试结果。

（3）膜厚测量。

利用 3M 胶带在样品表面围成一个约为 3mm×5mm 的区域，将锌粉均匀放置于该区域，滴加 1mol/L 的稀盐酸，锌粉放置区域产生明显气泡，静置 5min 后 SnO_2：F 薄膜随即被反应刻蚀掉。使用去离子水和乙醇对样品进行清洗，使用台阶仪测量三个不同位置处 SnO_2：F 薄膜的厚度，记录测试结果。

五、实验报告要求

1. 写出实验目的及内容；
2. 列表详细记录实验过程中的工艺参数；
3. 总结归纳不同制备工艺参数下薄膜的厚度、透过率和表面电阻的测试结果。

思考题

归纳分析溶胶凝胶法结合浸渍提拉工艺制备透明导电薄膜过程中，影响透明导电薄膜光、电性能及膜厚的影响因素，并分析是如何影响的？

参 考 文 献

［1］ 胡赓祥，等．材料科学基础［M］.3 版．上海：上海交通大学出版社，2010.

［2］ 石德珂，等．材料科学基础［M］.3 版．北京：机械工业出版社，2021.

［3］ 潘金生，等．材料工程基础［M］.北京：清华大学出版社，2011.

［4］ 陈杰．材料工程基础［M］.北京：化学工业出版社，2017.

［5］ 文进．材料工程基础［M］.北京：化学工业出版社，2016.

［6］ 李琳，等．材料科学基础实验［M］.北京：化学工业出版社，2021.

［7］ 廖其龙，等．材料工程基础实验［M］.北京：化学工业出版社，2013.

［8］ 葛丽玲．材料科学与工程基础实验教程［M］.2 版．北京：机械工业出版社，2020.

［9］ 贾铮，等．电化学测量原理［M］.北京：化学工业出版社，2006.

［10］ 孙世刚，等．电化学测量原理和方法［M］.厦门：厦门大学出版社，2021.

［11］ 唐安平．电化学实验［M］.北京：中国矿业大学出版社，2018.

［12］ 刘诺，等．半导体物理与器件实验教程［M］.北京：科学出版社，2015.

［13］ 云南大学材料学科实验教学教研室．材料物理性能实验教程［M］.北京：化学工业出版社，2018.

［14］ 赵春霞，等．新能源材料与器件实验教程［M］.北京：化学工业出版社，2012.

［15］ 杨绍斌，等．锂离子电池制造工艺原理与应用［M］.北京：化学工业出版社，2020.

［16］ 李加新．锂离子电池实验与实践教程［M］.北京：中国水利水电出版社，2022.

［17］ 丁志杰．粉体工程实验实训教程［M］.合肥：安徽大学出版社，2020.

［18］ 蒋亚东，等．敏感材料与传感器［M］.成都：电子科技大学出版社，2008.

［19］ 张洪润，等．传感器原理及应用［M］.2 版．北京：清华大学出版社，2021.